SIEBEN KLEINE ERFINDUNGEN, DIE DIE WELT VERÄNDERT HABEN

Laurence King

Für die neugierigen Kinder auf der ganzen Welt und für die Erwachsenen, die diese Neugier unterstützen – R.A.

Ich danke Roma, die mir diese Herausforderung und Chance geboten hat, und Ella, meiner Mitstreiterin, und meinen Freunden, die mir immer wieder gesagt haben: "Du wirst etwas Großartiges schaffen" – J.C.

LAURENCE KING

Laurence King Verlag GmbH
Jablonskistr. 27
10405 Berlin
www.laurencekingverlag.de

Erschienen in Großbritannien 2024 unter dem Titel
Seven Small Inventions that Changed the World
bei Laurence King

Übersetzung Frederik Kugler

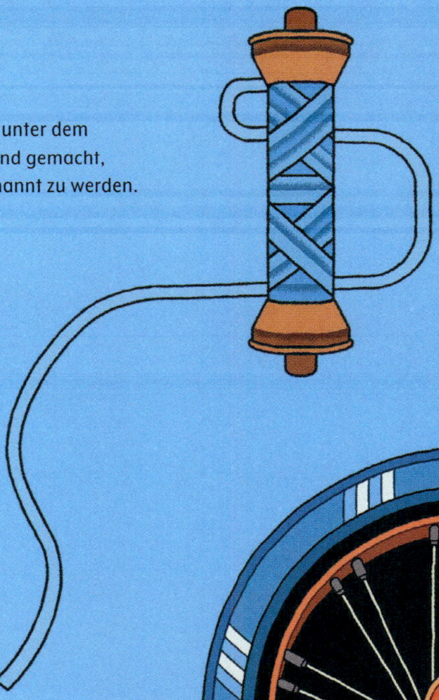

ISBN: 978-3-96244-421-1

Hergestellt in China, 1. Auflage Mai 2024

FSC www.fsc.org MIX Papier | Fördert gute Waldnutzung FSC® C104740

Laurence King ist ein Imprint der
Hachette Children´s Group
Part of Hodder and Stoughton
Carmelite House
50 Victoria Embankment
London EC4Y 0DZ

Ein Unternehmen von Hachette UK
www.hachette.co.uk
www.hachettechildrens.co.uk
www.laurenceking.com

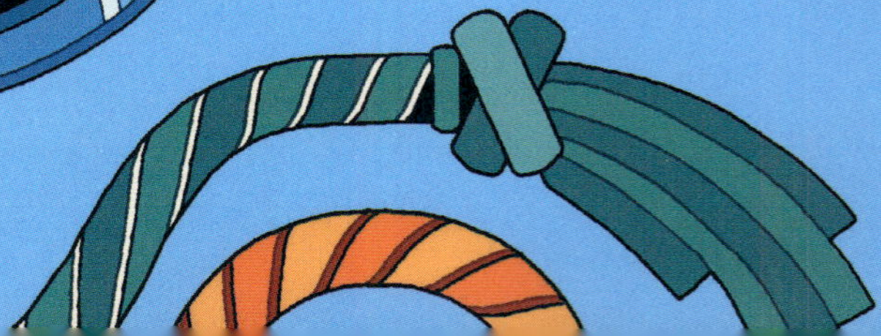

INHALT

KLEIN, ABER OHO

Eine meiner frühesten Erinnerungen ist, wie ich im Alter von fünf Jahren meine Wachsmalstifte aufbrach, um herauszufinden, was sich in ihnen verbarg. Bevor du das jetzt auch machst, sei gewarnt: das Ergebnis war nicht sehr aufregend. Wachsmalstifte sehen von innen genauso aus wie von außen! Erst als ich älter wurde, entdeckte ich, wie interessant Wachsmalstifte wirklich sind – sie bestehen aus einer Mischung aus Wachs und Chemikalien (Pigmenten), die ihnen ihre Farbe verleihen. Das Wachs, Paraffin genannt, wird aus Erdöl hergestellt, das tief aus der Erde an die Oberfläche gepumpt wird.

Ein paar Jahre später, ich war sieben, beschloss ich, dass ich vielleicht mehr Glück mit einem Kugelschreiber haben würde. Und das sind die Dinge, die ich gefunden habe …

eine Patrone mit einer Kugel am Ende

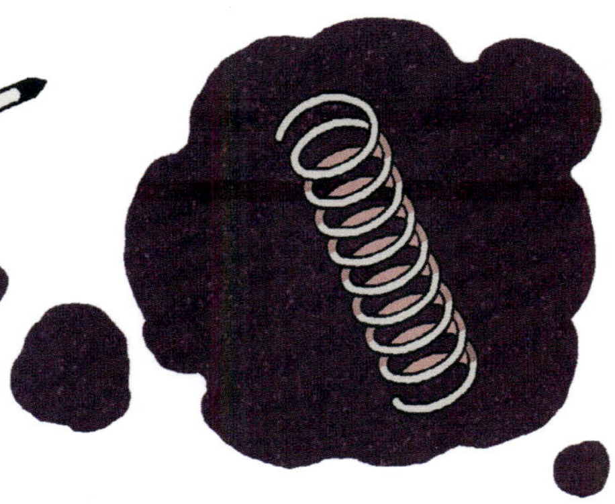

eine winzige Feder

und einige verschraubte Plastikteile

Drei kleine Dinge, die zusammen etwas Geniales ergaben.

Also fing ich an, Fragen über die kleinen Dinge zu stellen – wer hat die Feder erfunden und wann? Wie wandert Tinte durch die Patrone bis zu der kleinen Kugel an der Spitze? Und wie wurde diese Kugel hergestellt?

Als ich älter wurde, nahm ich mehr Dinge auseinander und suchte nach Antworten auf meine Fragen. Ich erkannte, dass alle Dinge um uns herum aus kleinen, wirklich wichtigen Dingen bestehen. Dingen, die eine erstaunliche Geschichte haben und eine Wissenschaft für sich sind. Ich lernte, dass die Kugel im Kugelschreiber eine weiterentwickelte Version einer flachen Scheibe oder eines Rades ist. Ich lernte, dass das Rad nicht für den Transport erfunden wurde, auch wenn wir das denken. Ich lernte, dass spiralförmige Metallfedern eine sehr junge Erfindung sind und davor bogenförmige Federn verwendet wurden wie (Pfeil und) Bogen – und dass ein Bogen eine Art von Feder ist! Ich lernte, dass Schrauben, die man heute in großen Mengen und für wenig Geld kaufen kann, früher schwierig herzustellen und sehr teuer waren.

Obwohl die Technologie und Technik, die uns umgeben, unglaublich komplex erscheinen, besteht jede Erfindung aus einer Reihe von *kleineren* Bausteinen – erstaunlichen Erfindungen, die ihre ganz eigenen, faszinierenden Geschichten haben, wie diese hier ...

NAGEL

RAD

FEDER

MAGNET

LINSE

SCHNUR

PUMPE

Jede dieser sieben Erfindungen ist, auch wenn sie oft verborgen sind, für sich genommen ein außergewöhnliches Beispiel für unsere Ingenieurskunst. Und ALLE haben sie faszinierende Geschichten zu erzählen – Geschichten, die Hunderte, wenn nicht gar Tausende von Jahren zurückreichen.

Diese Erfindungen sind vielleicht klein, aber sie haben unsere moderne Welt auf **GEWALTIGE** Weise verändert.

DER NAGEL

Vor langer Zeit stellten die Menschen Werkzeuge und frühe Maschinen aus nur einer Sache her: sie schnitzten einen Speer aus einem Ast oder schlugen ein Werkzeug aus einem Stein. Bis der Nagel kam – ein kleiner Gegenstand, der die Art, wie wir andere Dinge erfanden, für immer veränderte. Denn die Erfindung des Nagels führte dazu, dass wir verschiedene Dinge wie Holzstücke oder riesige Metallplatten fest miteinander verbinden konnten, um andere unglaubliche Erfindungen zu machen ...

Vor etwa 5.000 Jahren und noch Tausende von Jahren danach hämmerte man im Alten Ägypten ein Metall namens Bronze von Hand, um Schmuck, Dekorationen und ... Nägel herzustellen. Sie benutzten diese Nägel, um Boote und Streitwagen zu bauen.

Vor etwa 2.000 Jahren verwendeten die Römer ein anderes Metall namens Eisen. Es wurde in hoher Qualität auf dem indischen Subkontinent hergestellt. Eisen ist viel härter als Bronze und wurde von den Römern zur Herstellung von Rüstungen, Waffen und ... Nägeln verwendet.

Da für die Herstellung von Nägeln Erfahrung notwendig war und ein teures Material verwendet wurde, waren sie sehr wertvoll. **Vor etwa 400 Jahren** waren Nägel in Nordamerika so teuer, dass die Menschen ihre alten Holzhäuser niederbrannten und die Nägel einsammelten, um sie für den Bau ihres nächsten Hauses zu nutzen.

Im Jahr 1801 ließ Thomas Jefferson – der später Präsident der USA wurde – eine Fabrik bauen, in der Sklaven und Kinder täglich bis zu 10.000 Nägel herstellten. Zu ihnen gehörte Joseph Fossett, der als Kind versklavt und später in die Nagelfabrik geschickt wurde. Joseph wurde erst nach Jeffersons Tod freigelassen. Jefferson kaufte auch eine Maschine, mit der Eisenringe zugeschnitten wurden, was den Herstellungsprozess der Nägel beschleunigte.

Im späten 18. Jahrhundert führte die Industrielle Revolution dazu, dass Nägel nicht länger von Hand hergestellt werden mussten. Ingenieur*innen erfanden Methoden, um einen Gegenstand vielfach herzustellen und dabei exakt identische Maße einzuhalten. Sie verwendeten dafür Maschinen, um viele Nägel aus neuen Materialien wie Stahl zu produzieren. Davor wurden Verbindungselemente wie Nägel, Schrauben und Bolzen einzeln hergestellt, indem man sorgfältig Gewinde um Metallstifte schnitt, doch die waren alle verschieden. Aber nun konnten Züge, Dampfmaschinen und andere Maschinen gebaut werden. Eine der erfolgreichsten Schraubenfabriken jener Zeit wurde von Eliza Tinsely in England geführt, die bis heute existiert!

Heute stellen große Maschinen, Drahtstiftpressen genannt, mit Stahldraht mehr als 800 Nägel pro Minute her. Sie sind günstig in der Anschaffung, dehnen den Draht, um ihn dünner zu machen, schneiden ihn in kürzere Stücke, stauchen die Oberseite, um einen flachen Kopf zu erzeugen, und pressen die Unterseite zu einer scharfen Spitze.

WIE NÄGEL FUNKTIONIEREN

Metalle sind aufgrund der Anordnung ihrer Atome und Moleküle perfekt für Nägel. Diese winzigen Teile ordnen sich in Metallen zu Kristallen an, was bedeutet, dass die Atome ein regelmäßiges Muster bilden, das sich endlos wiederholt. Diese Struktur macht das Material dehnbar – oder flexibel – da die Kristallschichten übereinandergleiten können.

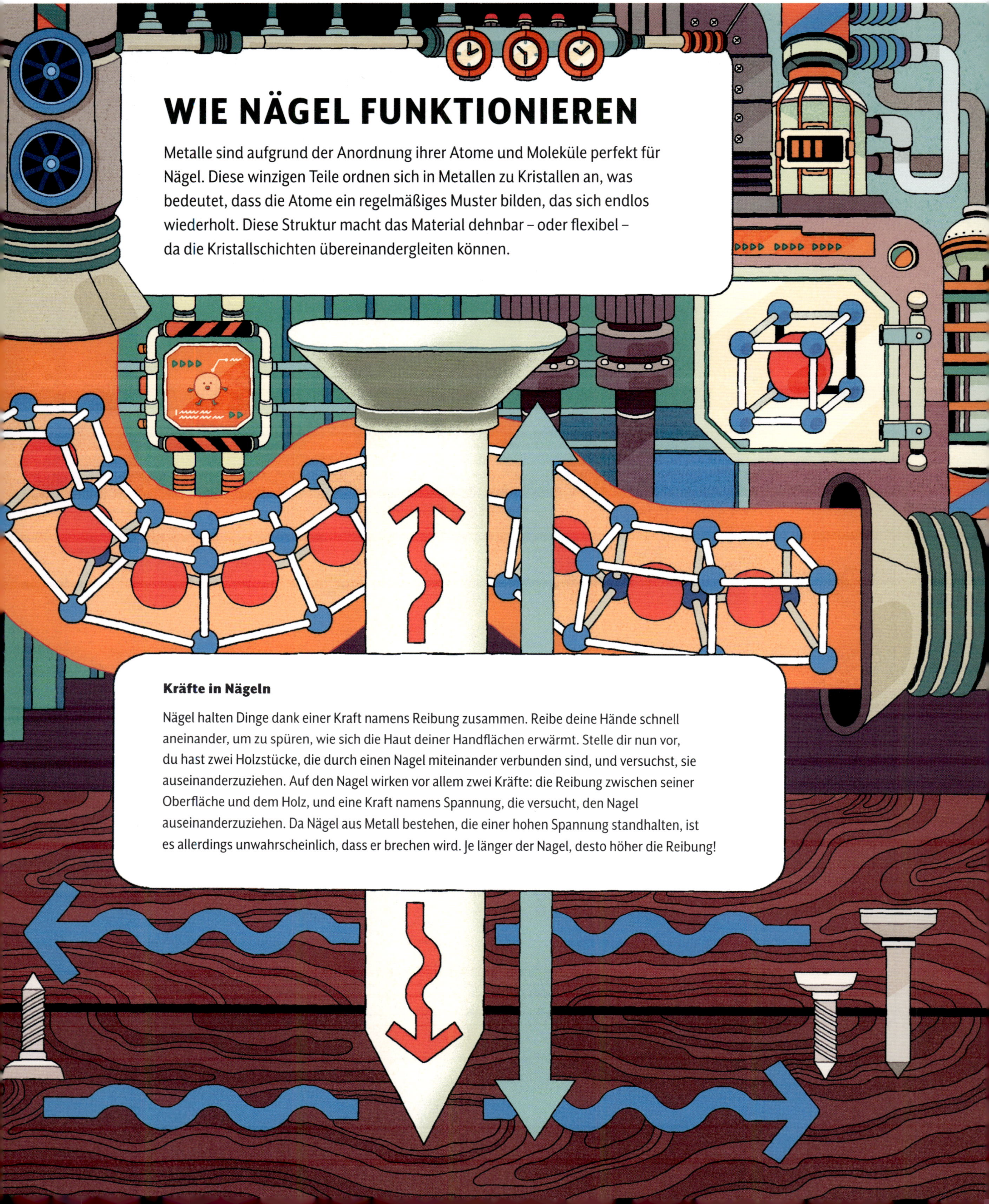

Kräfte in Nägeln

Nägel halten Dinge dank einer Kraft namens Reibung zusammen. Reibe deine Hände schnell aneinander, um zu spüren, wie sich die Haut deiner Handflächen erwärmt. Stelle dir nun vor, du hast zwei Holzstücke, die durch einen Nagel miteinander verbunden sind, und versuchst, sie auseinanderzuziehen. Auf den Nagel wirken vor allem zwei Kräfte: die Reibung zwischen seiner Oberfläche und dem Holz, und eine Kraft namens Spannung, die versucht, den Nagel auseinanderzuziehen. Da Nägel aus Metall bestehen, die einer hohen Spannung standhalten, ist es allerdings unwahrscheinlich, dass er brechen wird. Je länger der Nagel, desto höher die Reibung!

Erhitzen

Wenn man Metalle erhitzt, beginnen die Atome zu hüpfen, zu rutschen und übereinanderzugleiten, sodass die Hitze schnell durch das Material fließen kann. Dadurch wird es noch dehnbarer und weicher, sodass wir mit einem Hammer auf das Metall schlagen und es formen können. Unterschiedliche Metalle verhalten sich unterschiedlich. Kupfer und Bronze werden bei niedrigeren Temperaturen weich als Eisen oder Stahl.

Schmelzen

Wenn man verschiedene Metalle schmilzt und miteinander vermischt, entstehen neue Materialien, die Legierungen genannt werden, wie Bronze, die eine Mischung aus Kupfer und Zinn ist. Stahl ist ebenfalls eine Legierung, die aus Eisen, Kohlenstoff und geringen Mengen anderer Materialien wie Silizium oder Phosphor besteht. Legierungen können stärker als reine Metalle sein, wenn wir kleine Mengen anderer Metalle hinzufügen und sich die Atome und Moleküle des zweiten Metalls in den Kristallen des reinen Metalls festsetzen. Das führt dazu, dass die Kristalle nicht mehr so leicht übereinandergleiten können, wodurch das Material härter wird.

ABER: Wenn das Metall zu hart wird, wird es spröde und kann brechen! Das Rezept für Stahl ist perfekt für die Herstellung eines stabilen Metalls.

Schrauben, Nieten und Bolzen

Die Erfindung des Nagels führte zur Erfindung anderer Verbindungselemente wie Schrauben, Nieten und Bolzen, was dazu führte, dass wir noch mehr tolle Dinge erfinden konnten – wie du gleich herausfinden wirst …

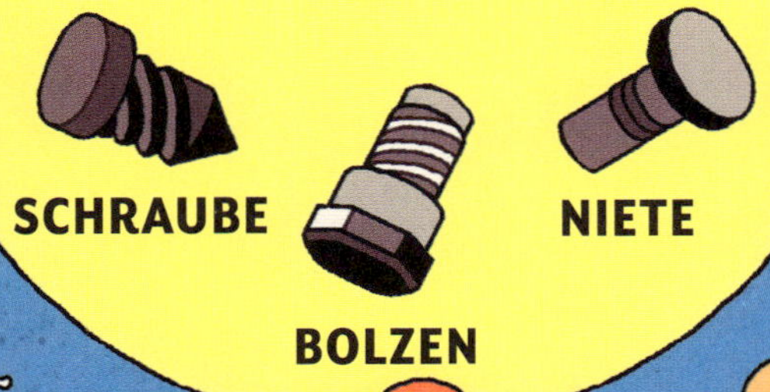

WELCHE ERFINDUNGEN NUTZEN NÄGEL?

Schau dich zu Hause und überall sonst um und finde heraus, welche Dinge mit Nägeln und anderen Verbindungselementen zusammengehalten werden.

FLUGZEUGE

In Flugzeugen werden Nieten verarbeitet, die in die Löcher von Metallblechen gesteckt werden, um diese zu verbinden. Das überstehende Ende des Niets wird dann mit dem Hammer zu einem Kopf (Schließkopf) geformt, um die Metallbleche sicher zu fixieren.

WOLKENKRATZER

Bolzen werden beim Bau von Wolkenkratzern verwendet. Sie sind eine Kombination aus Schrauben und Nieten. Sie haben einen zylindrischen Schaft mit einem Teilgewinde und einem sechseckigen Kopf.

TUNNEL

Viele Tunnel bestehen aus einzelnen Eisen- oder Stahlringen, die mit Nieten oder Bolzen zu Röhren zusammengesetzt werden, um das Eindringen von Erde oder Wasser zu verhindern.

HOLZDIELEN

Wenn du in einem alten Haus mit Holzdielen lebst, siehst du vielleicht die Nagelköpfe, die an antike römische Nägel erinnern.

NAGEL

MIXER

Mixer und andere Haushaltsgeräte haben vielen Schrauben, die die unterschiedlichen Metall- und Plastikteile sicher zusammenhalten, auch wenn sie wackeln und vibrieren.

SCHUHE

Sogar einige Schuharten werden mit Nägeln zusammengehalten! Das klingt vielleicht gefährlich, aber da sie sicher in die Holz-, Leder- oder Gummischichten verarbeitet wurden, können sie sich nicht in deine Füße bohren.

MIKROSKOPE

Diese Erfindung wird von vielen Schrauben zusammengehalten. Im Sockel eines Mikroskops befinden sich vier Schrauben, die verstellt werden können, um sicherzustellen, dass es perfekt horizontal steht.

SCHLÖSSER

Schlösser brauchen Schrauben. Schrauben haben einen breiten Kopf, einen spitz zulaufenden Schaft und ein Gewinde (was Nägel nicht haben), das um den Schaft verläuft. Das Gewinde hat eine scharfe Kante, die beim Festziehen ins Holz schneidet.

HMS VICTORY

Die 1765 vom Stapel gelaufene HMS *Victory*, die durch ihre Rolle in der Schlacht von Trafalgar 1805 berühmt wurde, war einst Großbritanniens größtes Kriegsschiff aus Holz. Sie wurde mit verschiedenen Arten von Nägeln und Verbindungselementen gebaut.

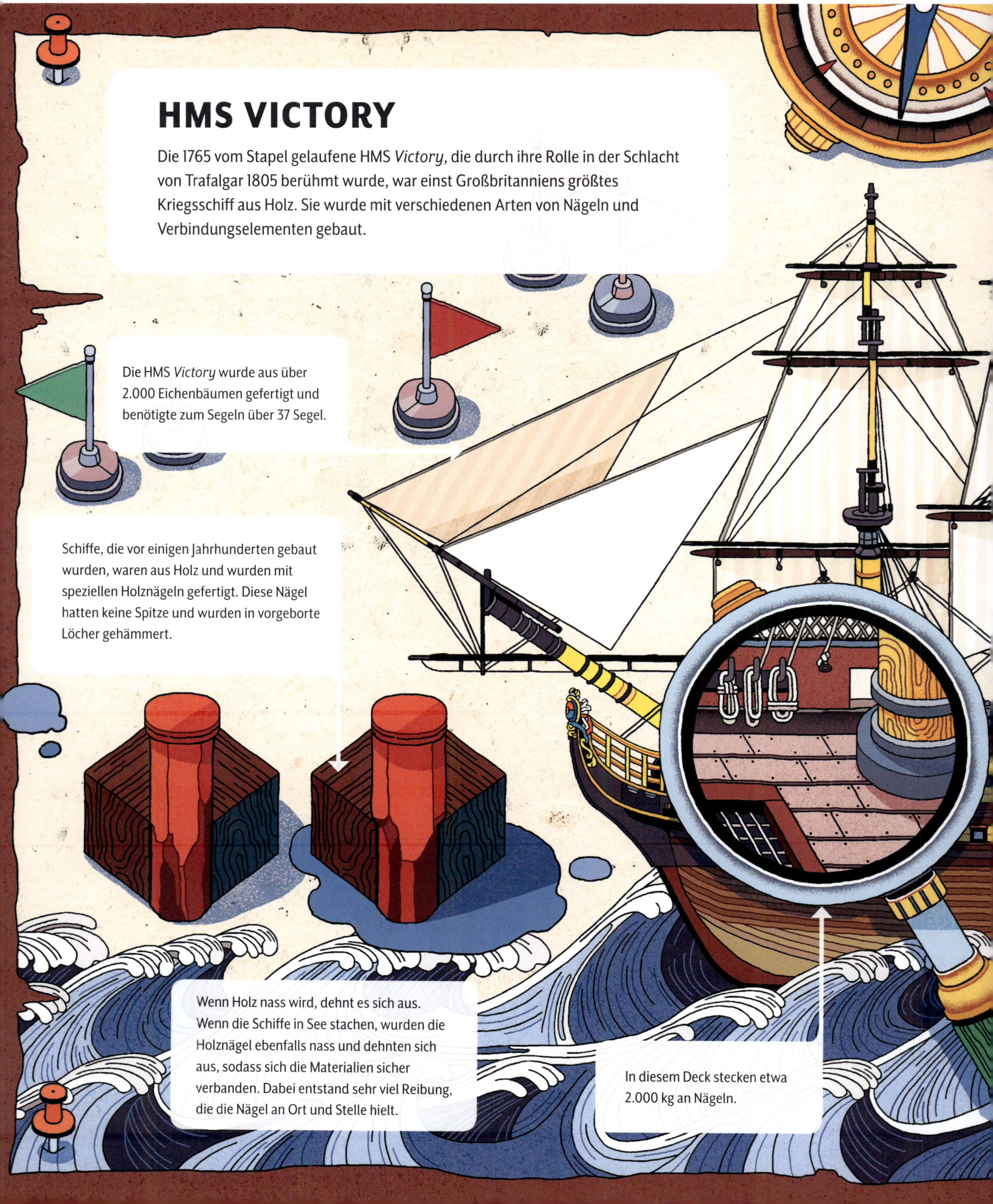

Die HMS *Victory* wurde aus über 2.000 Eichenbäumen gefertigt und benötigte zum Segeln über 37 Segel.

Schiffe, die vor einigen Jahrhunderten gebaut wurden, waren aus Holz und wurden mit speziellen Holznägeln gefertigt. Diese Nägel hatten keine Spitze und wurden in vorgeborte Löcher gehämmert.

Wenn Holz nass wird, dehnt es sich aus. Wenn die Schiffe in See stachen, wurden die Holznägel ebenfalls nass und dehnten sich aus, sodass sich die Materialien sicher verbanden. Dabei entstand sehr viel Reibung, die die Nägel an Ort und Stelle hielt.

In diesem Deck stecken etwa 2.000 kg an Nägeln.

NAGEL

MESSINGNAGEL
Ein Nagel aus Muntzmetall war ein großer, spitzer Messingnagel.

SPLINTBOLZEN
hatten eine Spitze mit einem Schlitz, durch den man ein keilförmiges Eisenstück (Splint) schob, um den Bolzen zu fixieren.

Mit einem L-förmigen Kopf versehene Laternennägel wurden zum Aufhängen von Laternen an der Wand verwendet.

Eisen wurde oberhalb der Wasserlinie und im Inneren der Schiffe verwendet, wo es weniger schnell rostete.

Unter Wasser wurde Kupfer verwendet, da es weniger mit dem salzigen Wasser reagierte und länger hielt.

DAS RAD

Es gibt viele Erfindungen, die von der Natur inspiriert wurden, wie Flugzeuge (von Vögeln inspiriert) und Klettverschlüsse (inspiriert von Samen mit Hunderten von winzigen Häkchen). Eine Erfindung jedoch, die rein gar nichts mit der Natur zu tun hat (auf die der Mensch also von ganz allein gekommen ist), ist das Rad.

Viele glauben, dass das Rad für den Transport erfunden wurde. Wurde es aber nicht. **Um 3900 v. Chr.** suchten die Menschen im alten Mesopotamien nach einer Möglichkeit, um schnell größere und bessere Tontöpfe herzustellen. Also schlugen sie eine Vertiefung in ein feststehendes Stück Holz oder in einen Stein und legten eine große Scheibe mit einer passenden Ausbuchtung darauf. Dann brachten sie die obere Scheibe mit ihren Händen zum Drehen. Das war die erste Töpferscheibe.

Um 2000 v. Chr. veränderte sich das Rad von einer massiven Scheibe zu einem Rad mit Speichen. Von da an hatte das Rad eine zentrale Nabe, von der kreisförmig eine Reihe zylindrischer Stangen abgehen und auf die Radfelge treffen. Diese Räder waren viel leichter, brachen aber auch schneller auseinander. Dieses Rad wird auch als Symbol in der buddhistischen und hinduistischen Religion verwendet.

Um 3500 v. Chr. wurde aus der Töpferscheibe eine frühe Version des Rades, wie wir es heute an unseren Autos und Zügen sehen. Damit es funktionierte, benötigte es eine Stange (Achse), die durch ein Loch in der Mitte des Rades führt und dafür sorgt, dass es sich dreht, während die Achse es in Position hält. Wir wissen, dass es so war, weil Archäolog*innen Zehntausende Grabhügel in Russland fanden, von denen einer einen vierrädrigen Wagen enthielt, der als eines der frühesten Transportmittel gilt.

Um 1200 v. Chr. wurde schließlich an der Außenseite der Felge ein flacher Metallring angebracht, solange er heiß war, der sich beim Abkühlen etwas zusammenzog und das Rad so zusammenhielt. Dieser Ring war der erste Reifen.

Im 19. Jahrhundert erfand der englische Luftfahrtingenieur George Cayley eine Flugmaschine. Dafür benötigte er Räder, mit denen sein Fluggerät abheben konnte. Also ersetzte er die Speichen durch zahlreiche gestreckte Drahtstränge, um es leichter zu machen. Diese Art von Speichenrädern sehen wir bis heute an Fahrrädern.

1930 wurde das Speichenrad zum Symbol der Unabhängigkeitsbewegung in Indien, das damals noch von den Briten regiert wurde. Das Spinnrad oder Charkha wurde von führenden Persönlichkeiten wie Mahatma Gandhi zum Spinnen von Textilien verwendet, was in jener Zeit verboten war, und stellte damit eine Form des Protests dar.

Heute können wir mit Fahrrädern, Autos, Lastwagen, Zügen und Flugzeugen die ganze Welt bereisen. Aber das Rad wird nicht nur zur Fortbewegung genutzt – es findet in vielen anderen sich drehenden, rotierenden Erfindungen Anwendung, mit denen wir jeden Tag zu tun haben ...

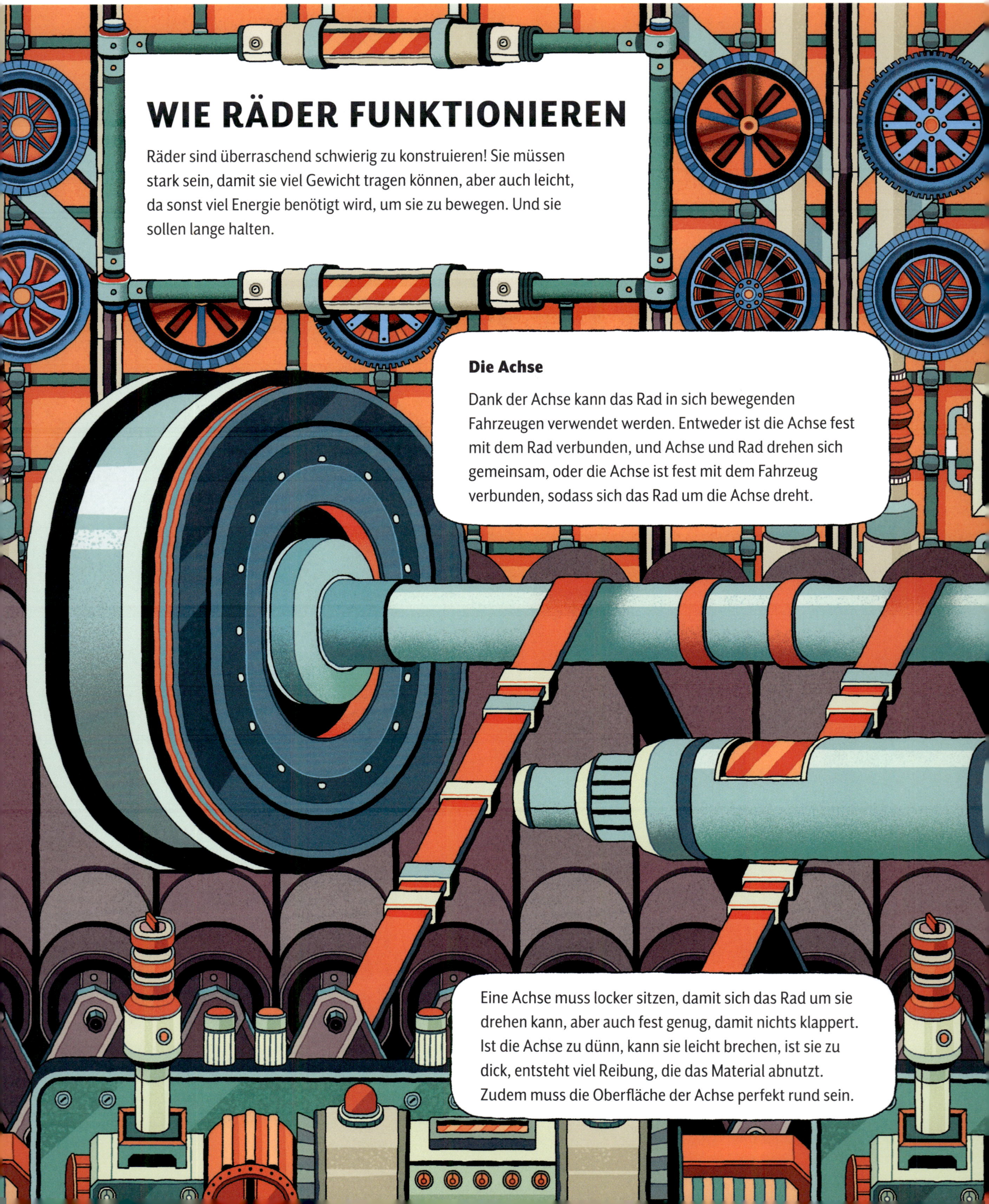

WIE RÄDER FUNKTIONIEREN

Räder sind überraschend schwierig zu konstruieren! Sie müssen stark sein, damit sie viel Gewicht tragen können, aber auch leicht, da sonst viel Energie benötigt wird, um sie zu bewegen. Und sie sollen lange halten.

Die Achse

Dank der Achse kann das Rad in sich bewegenden Fahrzeugen verwendet werden. Entweder ist die Achse fest mit dem Rad verbunden, und Achse und Rad drehen sich gemeinsam, oder die Achse ist fest mit dem Fahrzeug verbunden, sodass sich das Rad um die Achse dreht.

Eine Achse muss locker sitzen, damit sich das Rad um sie drehen kann, aber auch fest genug, damit nichts klappert. Ist die Achse zu dünn, kann sie leicht brechen, ist sie zu dick, entsteht viel Reibung, die das Material abnutzt. Zudem muss die Oberfläche der Achse perfekt rund sein.

RAD

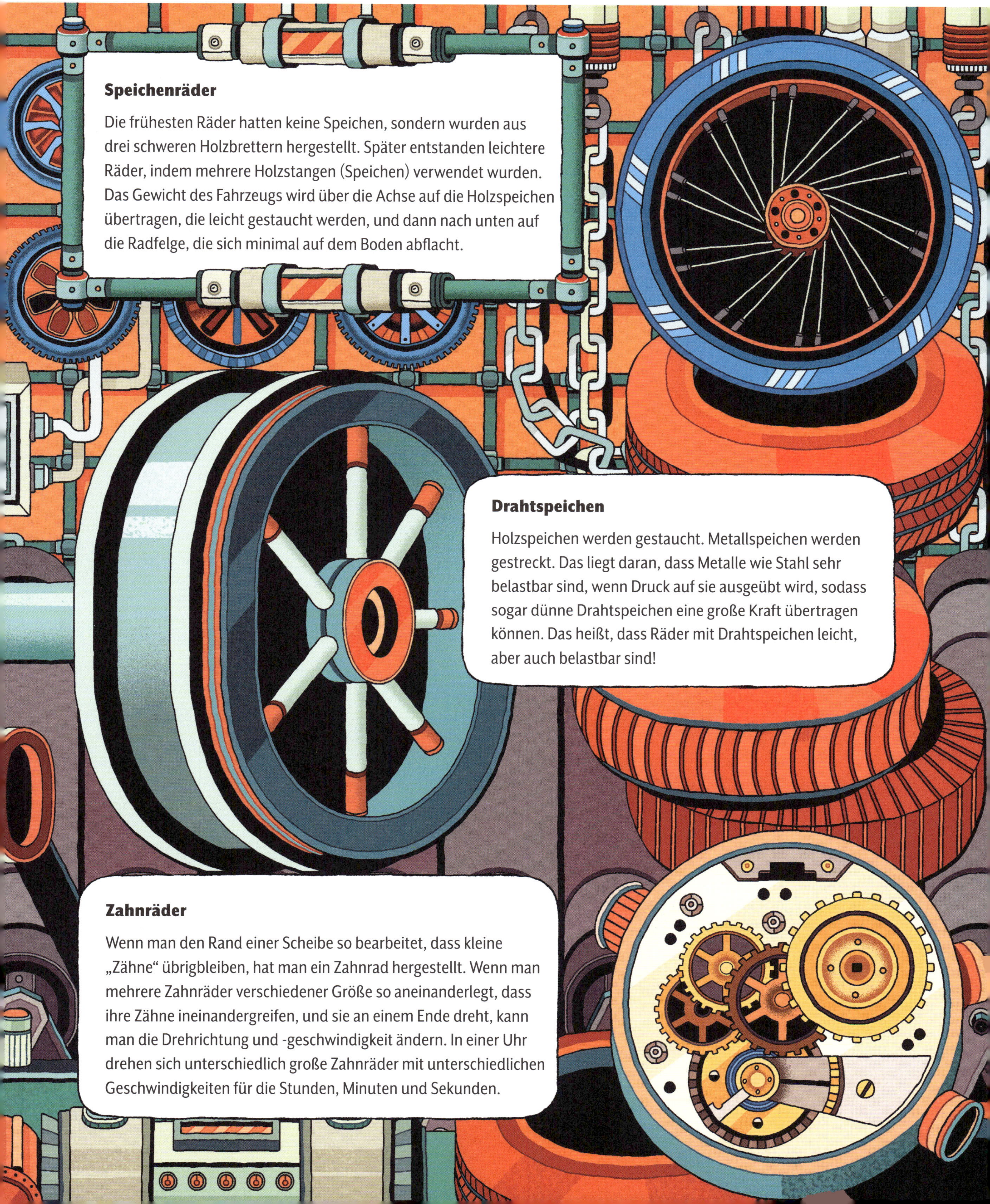

Speichenräder

Die frühesten Räder hatten keine Speichen, sondern wurden aus drei schweren Holzbrettern hergestellt. Später entstanden leichtere Räder, indem mehrere Holzstangen (Speichen) verwendet wurden. Das Gewicht des Fahrzeugs wird über die Achse auf die Holzspeichen übertragen, die leicht gestaucht werden, und dann nach unten auf die Radfelge, die sich minimal auf dem Boden abflacht.

Drahtspeichen

Holzspeichen werden gestaucht. Metallspeichen werden gestreckt. Das liegt daran, dass Metalle wie Stahl sehr belastbar sind, wenn Druck auf sie ausgeübt wird, sodass sogar dünne Drahtspeichen eine große Kraft übertragen können. Das heißt, dass Räder mit Drahtspeichen leicht, aber auch belastbar sind!

Zahnräder

Wenn man den Rand einer Scheibe so bearbeitet, dass kleine „Zähne“ übrigbleiben, hat man ein Zahnrad hergestellt. Wenn man mehrere Zahnräder verschiedener Größe so aneinanderlegt, dass ihre Zähne ineinandergreifen, und sie an einem Ende dreht, kann man die Drehrichtung und -geschwindigkeit ändern. In einer Uhr drehen sich unterschiedlich große Zahnräder mit unterschiedlichen Geschwindigkeiten für die Stunden, Minuten und Sekunden.

WELCHE ERFINDUNGEN NUTZEN RÄDER?

Viele geniale Erfindungen aus der Vergangenheit bis heute funktionieren nur dank der Räder ...

SKATEBOARDS

Skateboards haben kleine, leicht nachgiebige Räder an der Unterseite. Diese minimale Flexibilität sorgt dafür, dass die Rollen auch bei starker Belastung nicht so schnell kaputtgehen.

FIDGET SPINNER

In der Mitte eines Fidget Spinners befinden sich zwei Ringe mit Kugeln dazwischen. Sobald das Gerät in Gang gesetzt wird, verhalten sich die Kugeln wie Räder und sorgen dafür, dass sich der Rest des Fidget Spinners um das Kugellager in der Mitte dreht.

ASTROLABIEN

Astrolabien sind Metall- oder Holzscheiben mit einem Zeiger (Alhidade) in der Mitte. Indem man mit ihm Sonne*, Mond oder Sterne anpeilte, konnte man über die Gradangaben den Winkel ablesen und so ihre Position messen.

*Sieh niemals direkt in die Sonne.

KUGELSCHREIBERSPITZEN

Ein Kugelschreiber verfügt über eine winzige Kugel an der Spitze seiner langen, dünnen Patrone. Durch das Rollen der Kugel wird die Tinte aus der Patrone auf das Papier gezogen. Die Kugel funktioniert wie ein dreidimensionales Rad.

RAD

GESCHIRRSPÜLER

Josephine Cochran erfand den ersten automatischen Geschirrspüler. Er bestand aus einer Abfolge von Körben, die auf einem Laufrad bewegt wurden. Die meisten modernen Geschirrspüler basieren bis heute auf diesem Prinzip.

ELEKTRISCHE ZAHNBÜRSTEN

Der Kopf einer elektrischen Zahnbürste funktioniert nach dem Rotationsprinzip (ähnlich wie ein Rad), um Plaque gründlich von den Zähnen zu entfernen.

TÜRKNÄUFE

Türknäufe sehen oft wie Kugeln aus, eine Form, die angenehm in der Hand liegt. Kugeln sind wie dreidimensionale Räder, die sich drehen und Bewegung erzeugen.

ZÜGE

Züge haben viele kleine Räder, die sie auf den Gleisen halten. Sie haben auch Zahnräder, die die Kraft auf die Räder übertragen, um eine Vorwärtsbewegung zu erzeugen.

DIE INTERNATIONALE RAUMSTATION

Die ISS ist das komplizierteste Stück Ingenieurskunst, das je von Menschenhand gefertigt wurde. Es besteht aus zahlreichen Modulen, die in den Weltraum befördert und miteinander verbunden wurden, um einen Ort zu schaffen, an dem Astronaut*innen leben und arbeiten können. Viele der Hauptkomponenten basieren auf sich drehenden Scheiben oder Rädern.

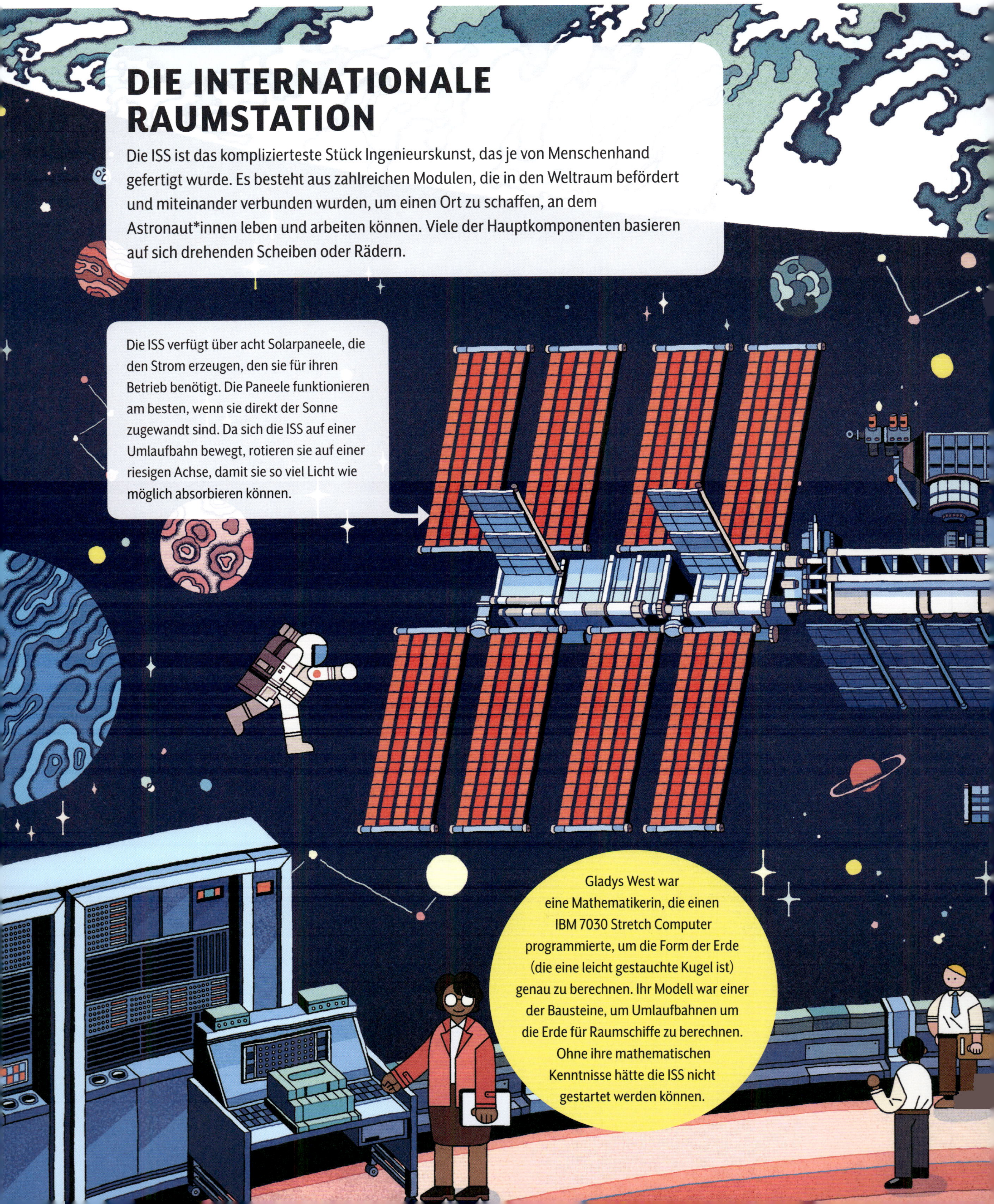

Die ISS verfügt über acht Solarpaneele, die den Strom erzeugen, den sie für ihren Betrieb benötigt. Die Paneele funktionieren am besten, wenn sie direkt der Sonne zugewandt sind. Da sich die ISS auf einer Umlaufbahn bewegt, rotieren sie auf einer riesigen Achse, damit sie so viel Licht wie möglich absorbieren können.

Gladys West war eine Mathematikerin, die einen IBM 7030 Stretch Computer programmierte, um die Form der Erde (die eine leicht gestauchte Kugel ist) genau zu berechnen. Ihr Modell war einer der Bausteine, um Umlaufbahnen um die Erde für Raumschiffe zu berechnen. Ohne ihre mathematischen Kenntnisse hätte die ISS nicht gestartet werden können.

Die ISS folgt einer sorgfältig berechneten Umlaufbahn um die Erde. Um sie immer perfekt auszurichten (oder um dafür zu sorgen, dass sie ihre Umlaufbahn nicht verlässt), wird sie von vier gefesselten Kreiseln kontrolliert, die Control Moment Gyroscopes (CMG) genannt werden.

Gefesselte Kreisel werden zur Stabilisierung und Navigation von Flugkörpern genutzt, da sie wie Kreisel dank der eigenen Schwungkraft immer ihre Position beibehalten, solange sie schnell genug rotieren.

DIE FEDER

Federn sind wundervolle Erfindungen des Menschen, um Energie gezielt zu speichern und abzugeben. Bei einer Krafteinwirkung wird eine Feder zurück oder nach unten gedrückt, wodurch Energie entsteht. Entspannt sich die Feder wieder, wird die Energie abgegeben und sorgt für Bewegung. Federn gibt es in den verschiedensten Formen und Größen und sind nicht immer spiralförmig.

Eines der ältesten Beispiele für eine Feder ist der Holmegaardbogen, der von Archäolog*innen in Dänemark gefunden wurde. Er ist über **10.000 Jahre** alt, aber die Menschen haben diese Waffe schon viel früher benutzt. Ein beeindruckendes Beispiel für einen technisch versierten Bogen ist der, den Dschingis Khan verwendete, der von 1206–1227 mongolischer Kaiser war. Die mongolischen Bogenschützen stellten extrem flexible Bögen her, die in der Mitte aus Bambus bestanden und auf der einen Seite mit Fasern aus den Sehnen von Tierbeinen und auf der anderen Seite mit gekochten Knochenstücken beklebt waren.

Um 3000 v. Chr. stellten die Menschen in Mesopotamien, Indien und Ägypten eine Pinzette her, indem sie einen Streifen Kupfer oder Bronze in eine schmale U-Form bogen. Pinzetten funktionieren wie eine Feder. Sie bestehen aus einem biegsamen Material, das seine Form ändert, wenn man Kraft darauf ausübt (es zusammendrückt). Diese antiken Pinzetten wurden vielleicht benutzt, um Splitter, Dornen oder Pfeilspitzen aus dem Körper zu ziehen, oder um Läuse zu entfernen! Auf jeden Fall inspirierten sie einige der Instrumente, die bis heute in der Chirurgie verwendet werden.

Vor 2.000 Jahren verwendeten die Römer ebenfalls Pinzetten, allerdings aus anderen Gründen. Wir wissen das, weil sich der berühmte römische Schriftsteller Seneca in einem Brief an einen Freund über die Schreie von Männern in öffentlichen Bädern beschwerte, die sich die Achselhaare zupfen ließen.

Ende des 17. Jahrhunderts erklärte der Universalgelehrte Robert Hooke, wie man die Kraft einer Feder berechnet und wie sehr sie, je nach Krafteinwirkung, ihre Form verändert. Dies führte zu den Federn, wie wir sie heute kennen: spiralförmigen Metallfedern.

In den letzten 400 Jahren wurden Federn auch von Kutschenbauern verwendet. Ihre Blattfedern waren bananenförmig und bestanden aus mehreren Metallschichten, die für weniger holprige Kutschfahrt sorgen sollten.

100 Jahre später wurden Federn bereits auf viele verschiedene Arten genutzt. Durch sie wurden Uhren plötzlich klein und außerordentlich präzise und Türschlösser viel schwerer zu knacken. Diese Art von Federn mussten ganz genaue Maße haben, was dank der Industriellen Revolution möglich wurde.

WIE FEDERN FUNKTIONIEREN

Federn bestehen aus einem flexiblen Material, das verformt werden kann. Wenn eine Feder verformt wird, speichert sie Energie, die freigesetzt wird, wenn sie wieder ihre ursprüngliche Form annimmt. Diese Energie können wir für sinnvolle Dinge nutzen. Wenn wir zum Beispiel an der Sehne eines Bogens ziehen, diesen dadurch stärker krümmen und dann die Sehne loslassen, wird die Energie auf den Pfeil übertragen, der in die Ferne schießt.

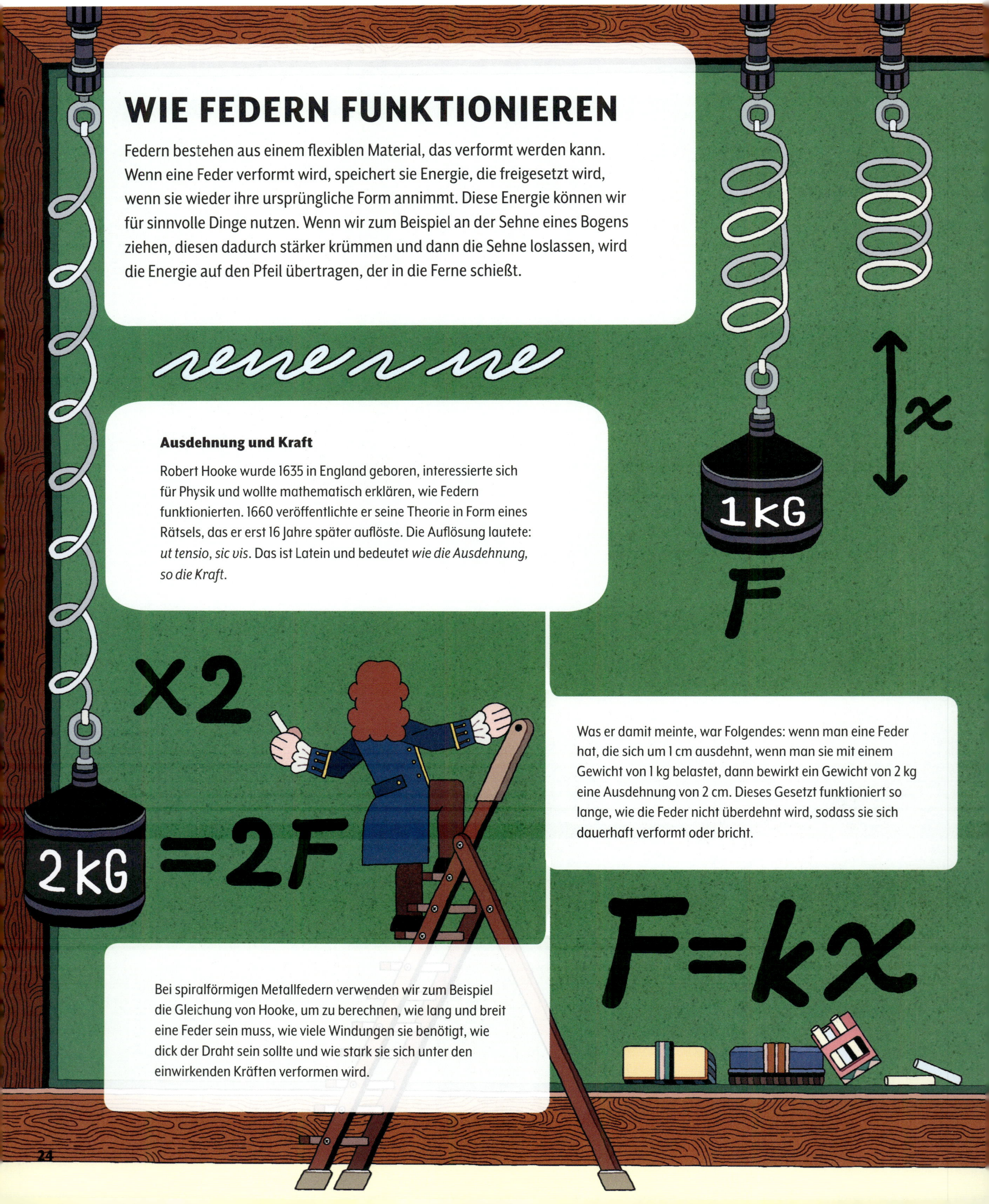

Ausdehnung und Kraft

Robert Hooke wurde 1635 in England geboren, interessierte sich für Physik und wollte mathematisch erklären, wie Federn funktionierten. 1660 veröffentlichte er seine Theorie in Form eines Rätsels, das er erst 16 Jahre später auflöste. Die Auflösung lautete: *ut tensio, sic vis*. Das ist Latein und bedeutet *wie die Ausdehnung, so die Kraft*.

Was er damit meinte, war Folgendes: wenn man eine Feder hat, die sich um 1 cm ausdehnt, wenn man sie mit einem Gewicht von 1 kg belastet, dann bewirkt ein Gewicht von 2 kg eine Ausdehnung von 2 cm. Dieses Gesetzt funktioniert so lange, wie die Feder nicht überdehnt wird, sodass sie sich dauerhaft verformt oder bricht.

Bei spiralförmigen Metallfedern verwenden wir zum Beispiel die Gleichung von Hooke, um zu berechnen, wie lang und breit eine Feder sein muss, wie viele Windungen sie benötigt, wie dick der Draht sein sollte und wie stark sie sich unter den einwirkenden Kräften verformen wird.

Wie weit?

Heute können wir vorhersagen, wie sich eine ganze Reihe von federnden Objekten unter der Einwirkung bestimmter Kräfte verhalten wird, zum Beispiel, wie hoch ein Ball springen wird, wie Materialien Schall absorbieren und wie sich ein Treppenläufer fortbewegen wird. Wir positionieren sogar Federn unter Hochhäusern, damit bei einem Erdbeben die Schwingungen soweit möglich von den Federn abgefangen werden.

Norm Mason war ein amerikanischer Ingenieur, der wie Hooke wichtige Gleichungen für Federn aufstellte, vor allem, wenn sie in hohen Gebäuden verwendet wurden. Er entwickelte sogar Federn für den Boden eines Fernsehstudios, damit Elefanten darüberlaufen konnten!

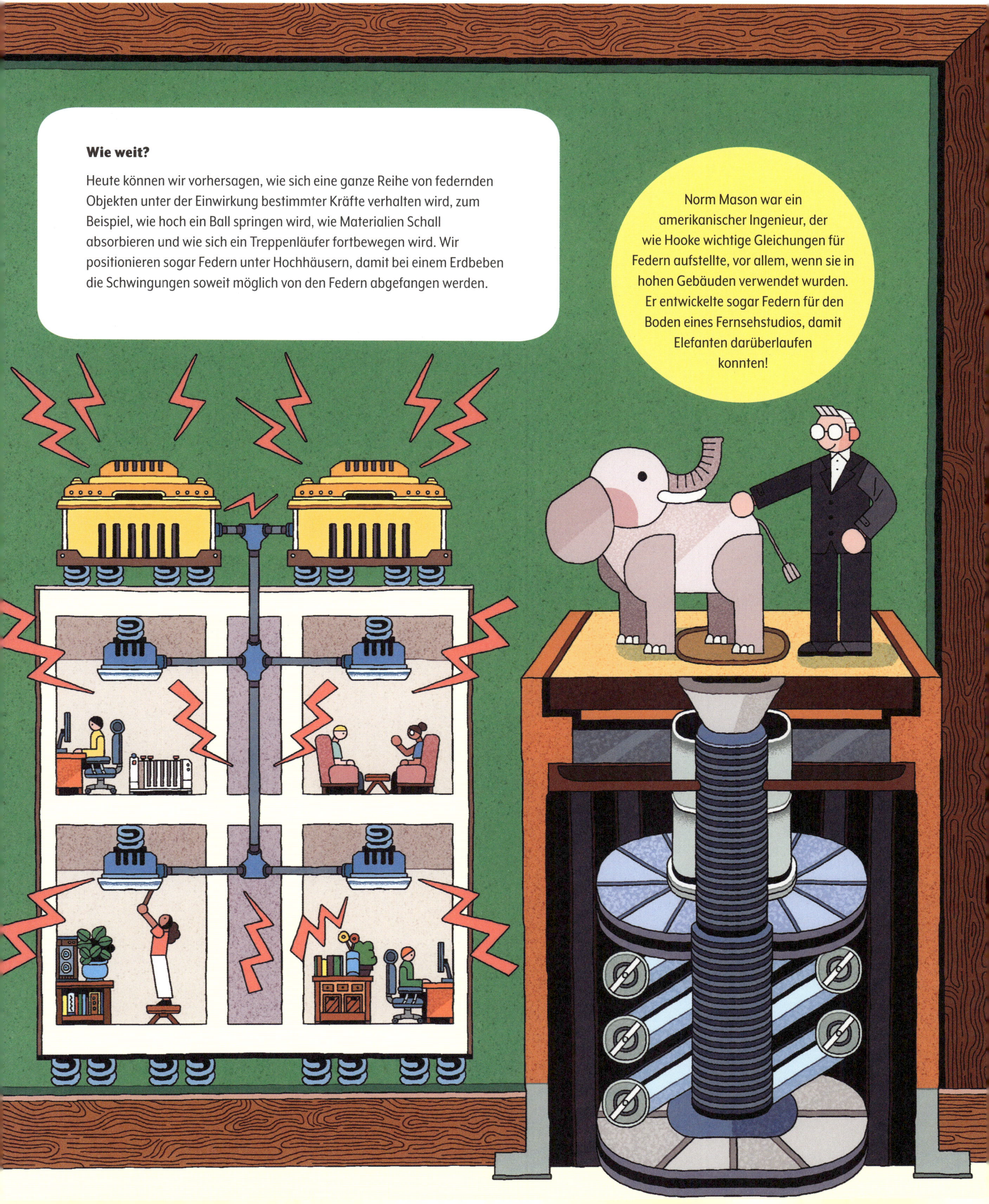

WELCHE ERFINDUNGEN NUTZEN FEDERN?

Federn sind überall um uns herum, auch wenn sie oft unsichtbar sind! Es ist wirklich unglaublich, wie viele unterschiedliche Geräte Federn haben ...

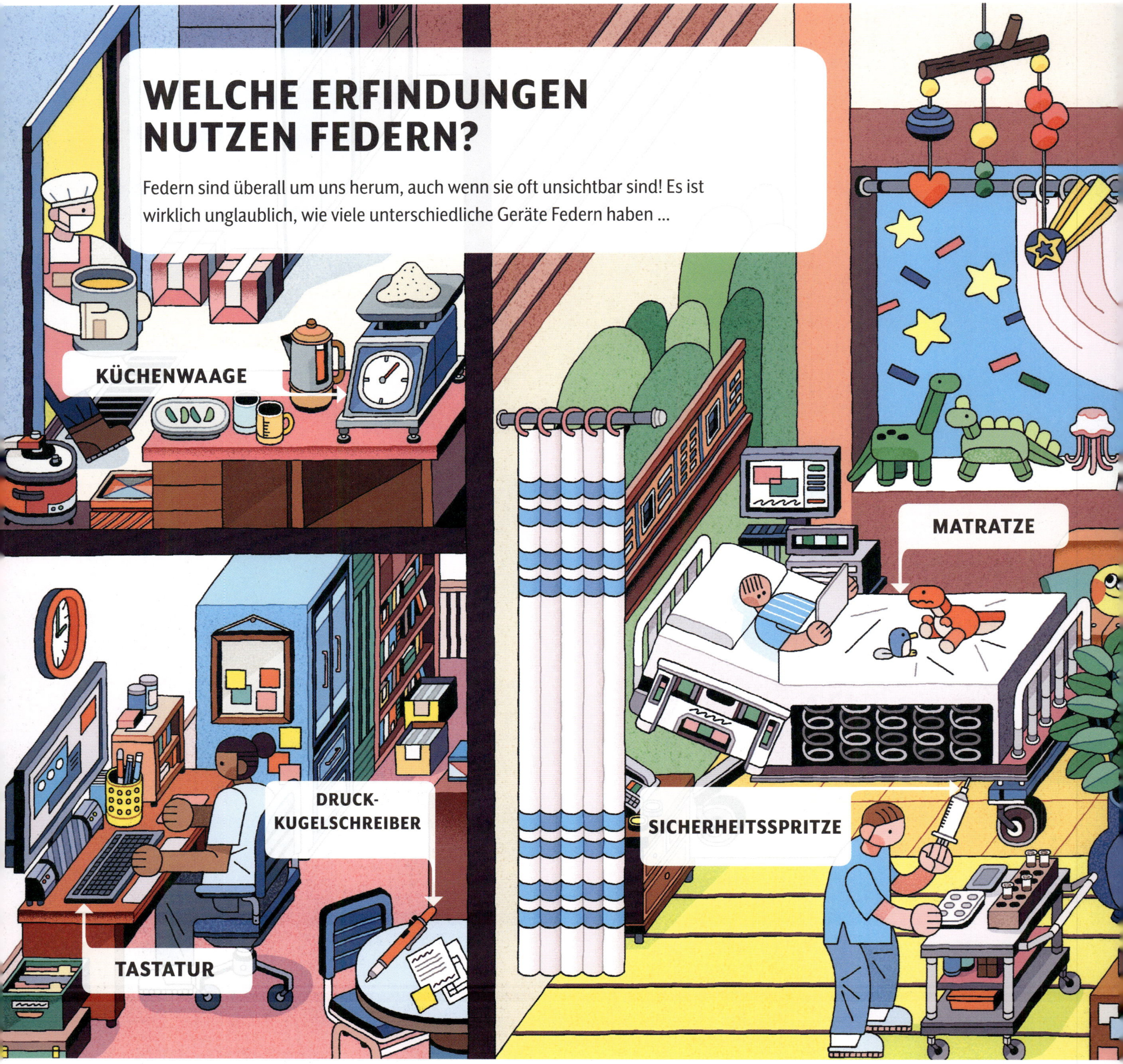

KÜCHENWAAGEN

Beim Backen müssen Zutaten oft genau abgemessen werden. Ihr Gewicht belastet die Waage und drückt eine Feder zusammen, die einen Zeiger in Bewegung setzt, der uns die Menge anzeigt.

TASTATUREN

Jede Taste auf einer Tastatur – aber auch jede andere Art von Taste – hat eine kleine Feder darunter.

DRUCK-KUGELSCHREIBER

Wenn man oben auf den Knopf eines Kugelschreibers klickt, wird die darin befindliche Feder durch die Tintenpatrone zusammengedrückt, sodass die Schreibspitze der Patrone aus dem Gehäuse geschoben wird. Ein kleiner Hebel arretiert sie, damit wir schreiben können.

SICHERHEITSSPRITZEN

Bei Sicherheitsspritzen wird die Nadel nach der Benutzung mithilfe einer Feder zurück in das Gehäuse der Spritze zurückgezogen.

FEDER

MATRATZEN

In vielen Matratzen stecken viele große Federn, die unseren Körper stützen, damit wir gut schlafen können!

TREPPENLÄUFER

Treppenläufer sind Federn mit vielen Windungen, die sehr flexibel sind. Aufgrund ihrer Größe und Beweglichkeit können sie Treppen hinuntersteigen.

TRAMPOLINE

Trampoline sind mit starken Federn ausgestattet, die sich ausdehnen, wenn wir auf einem Trampolin springen. Am tiefsten Punkt wird die Energie aus den Federn wieder an das Trampolin und die Springenden abgegeben, die so in die Höhe schnellen.

MIKROSKOP- UND TELESKOPSOCKEL

Wenn Mikroskope oder Teleskope wackeln, kann man die Dinge, die man sich ansieht, nicht richtig beobachten. Kleine, empfindliche Federn in den Sockeln absorbieren Vibrationen und sorgen so für eine ruhige Sicht.

ARMBANDUHR

Wir bestimmen die Zeit, indem wir etwas messen, das in einem regelmäßigen Zyklus abläuft. Tausende von Jahren beobachteten wir jeden Tag, wie die Sonne auf- und unterging, um den Tag zu messen, und den Mondphasenzyklus, um den Monat zu messen. Die Position der Sonne am Himmel zeigte uns an, wann ein Jahr vollendet war. Himmelszyklen sind jedoch zu lang, um die Zeit genau zu messen. Sie helfen uns nicht dabei, Stunden präzise zu messen, ganz zu schweigen von Minuten und Sekunden. Dafür brauchen wir Armbanduhren und andere Zeitmesser.

Eine Armbanduhr besteht aus zwei Hauptkomponenten: einer Energiequelle, die den Mechanismus in Bewegung setzt, und etwas, das hin- und herschwingt oder sich regelmäßig bewegt, um zu messen, wie viel Zeit vergangen ist.

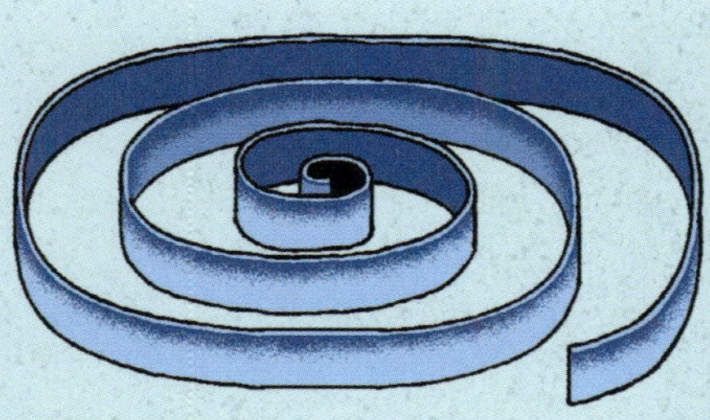

Moderne mechanische Uhren haben eine Feder, die sie antreibt, und Hauptfeder genannt wird.

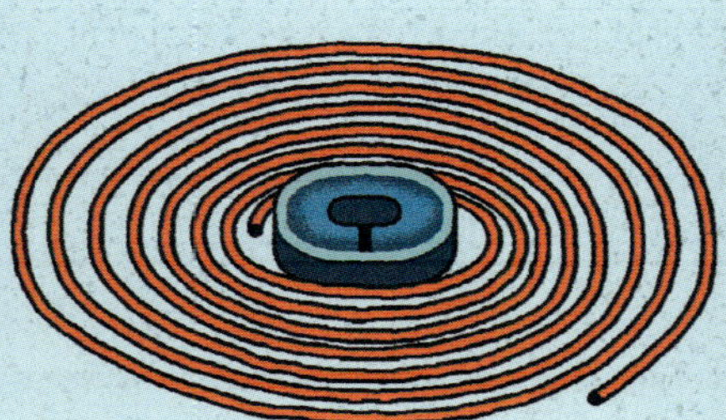

Spiralfedern können bis zu 100-mal pro Sekunde hin- und herschwingen. Typischerweise schwingen sie jedoch eher sechsmal pro Sekunde. Dank dieser haarfeinen Federn sind Zeitmesser heute präzise, tragbar und klein.

Rebecca Struthers ist Uhrmacherin und die erste Person in der Geschichte Großbritanniens, die eine Doktorarbeit in Horologie (Zeitmesskunde) schrieb. Sie und ihr Partner Craig führen ein Unternehmen namens Struthers Watchmakers, das mit alten Geräten wunderschöne Armbanduhren herstellt und historische Zeitmesser restauriert.

Die Erfindung von Zeitmessern ist wichtig, da Wissenschaftler*innen die Zeit präzise messen müssen, um die Bewegungen von Sonne, Mond und anderen Himmelskörpern zu untersuchen.

Die Bahn muss ebenfalls genau wissen, wie spät es ist, damit nicht mehrere Züge gleichzeitig auf ein Gleis einfahren.

Die Erfindung von Zeitmessern ermöglichte Seefahrern, die Welt sicher zu umsegeln und zu kartografieren!

DER MAGNET

Magneten – oder Dinge, die magnetische Kräfte ausüben – existieren überall um uns herum. Wir sind auch Magneten, wenn auch sehr, sehr schwache, während die Erde ein riesiger Magnet ist. Es gibt sogar natürliche Minerale in der Erde, die magnetisch sind und die wir untersucht haben, um herauszufinden, wie wir unsere eigenen Magneten herstellen können.

Vor Tausenden von Jahren entdeckten die Menschen ein Material, das heute als Magnetit bekannt ist, ein natürliches Mineral, das in der Erde vorkommt und eine Mischung aus Eisen und Sauerstoff sowie einigen Verunreinigungen ist. Es ist selten und schwach magnetisch.

Vor über 2.600 Jahren schrieben die alten Griechen über dieses Material. 200 Jahre später stellten die Chinesen fest, dass Magnetiten Eisen anzogen.

Über 1.000 Jahre später wurde Magnetit in Form eines Kompasses für die Navigation verwendet. Die Seefahrer der Song-Dynastie formten den Stein wie einen Fisch und ließen ihn im Wasser treiben, damit er nach Süden zeigte. Dieses Wissen verbreitete sich nach Europa und in den Nahen Osten.

Wie man starke, langlebige Magnete herstellt, haben wir erst **in den letzten 100 Jahren** gelernt – seit wir in der Lage sind, Atome (die Bausteine der Materie) zu untersuchen und zu manipulieren.

Im 19. Jahrhundert entdeckten wir schließlich den Elektromagnetismus, der es uns ermöglichte, Elektronen (Bestandteile von Atomen) zu bewegen, um eine magnetische Kraft zu erzeugen und diese auf unsere Technologien anzuwenden. Diese Entdeckung half uns auch dabei, die Geheimnisse unseres Universums zu ergründen.

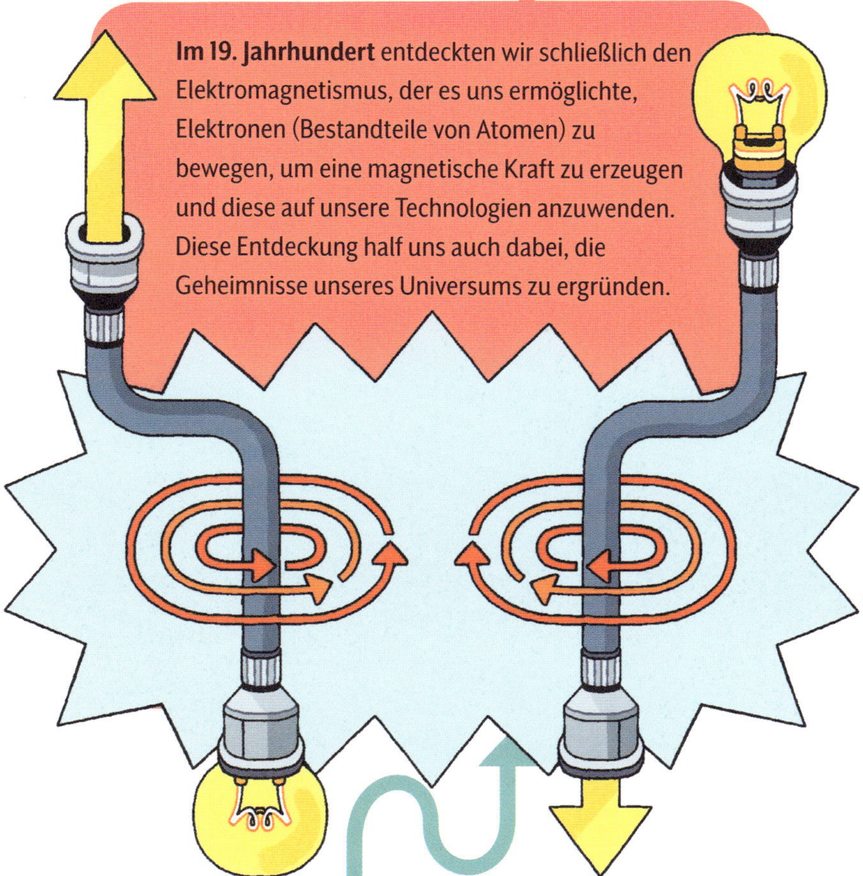

Im Jahr 1926 erfand der japanische Ingenieur Kenjir Takayanagi mithilfe von Magneten das erste elektronische Fernsehgerät. Er verwendete eine Kathodenstahlröhre, ein Gerät, das einen Elektronenstrahl erzeugt, der mittels eines Magnetfeldes bewegt wurde. Der sich bewegende Strahl traf auf eine Glasfläche, erleuchtete sie und ließ bewegte Bilder entstehen.

Ab den 1940er Jahren wurden Keramikmagnete hergestellt, indem winzige Barium- oder Strontiumkügelchen mit Eisen zusammengepresst wurden. Diese Magneten werden heute am häufigsten verwendet. Seltene-Erden-Magneten werden aus Elementen wie Samarium, Cerium, Yttrium, Praseodym und anderen hergestellt.

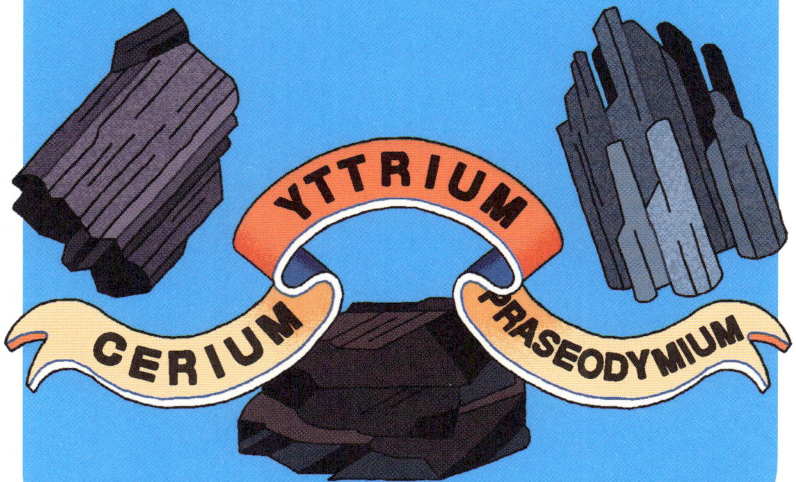

Heute entdecken wir neue Wege, um Dauermagnete herzustellen, indem wir verschiedene Materialien erhitzen und zusammenpressen. Diese Magneten werden in der Automobilindustrie verwendet.

WIE MAGNETEN FUNKTIONIEREN

Um die Wissenschaft des Magnetismus zu begreifen, mussten wir zunächst verstehen, wie Atome funktionieren, was uns erst im 19. Jahrhundert gelang. Atome sind die winzigen Bausteine der Materie – aus ihnen setzt sich unser ganzes Universum zusammen. Ein Atom besteht aus einem Nukleus (Kern) und Elektronen, die ihn umkreisen – ein bisschen so, wie der Mond um die Erde kreist.

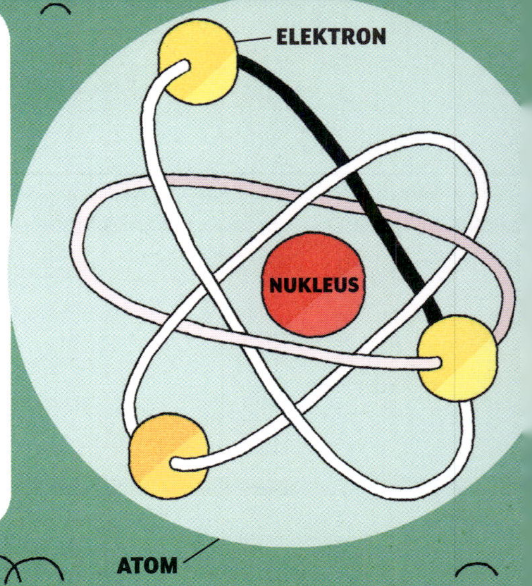

Elektronen

Elektronen besitzen eine negative elektrische Ladung und einen Eigendrehimpuls (Spin). Um ein magnetisches Atom herzustellen, muss der Spin mehrerer Elektronen in die gleiche Richtung zeigen.

Ausrichtung der Atome

Um ein Material zu magnetisieren, müssen die Atomgruppen darin einheitlich ausgerichtet werden. Dazu muss das Material einem starken äußeren Magnetfeld oder Hitze ausgesetzt werden.

Dauermagneten

Es gibt drei Arten von Materialien, die zur Herstellung von Dauermagneten verwendet werden: Metalle, Keramiken und Metalle der Seltenen Erden. Metallmagnete werden meist aus einer Mischung aus Eisen mit Aluminium, Nickel und Kobalt sowie Kupfer (Alnico) hergestellt und ergeben starke, aber auch teure Magneten.

KERAMIK

ALNICO

SELTENE ERDEN

MAGNET

Elektromagneten

Der Elektromagnetismus zählt, wie die Schwerkraft, zu den vier fundamentalen Naturkräften (die anderen zwei sind die schwache Wechselwirkung und die starke Wechselwirkung). Um einen Elektromagneten herzustellen, umhüllt man ein Stück Eisen oder Stahl mit einer Spule aus dünnem Metalldraht und magnetisiert das Metall, indem man Strom durch die Spule leitet. Wenn man den Strom abschaltet, entmagnetisiert man das Metall wieder. Elektromagneten eignen sich also perfekt, wenn man die Stärke eines Magneten steuern oder ihn ein- und ausschalten möchte. Haartrockner haben zum Beispiel einen Elektromagneten in ihrem Motor.

Pole

Magneten haben zwei Pole, einen Nord- und einen Südpol. Wenn du zwei Nord- oder zwei Südpole aneinanderhältst, wirst du spüren, wie sie sich abstoßen. Hältst du jedoch einen Nord- und einen Südpol aneinander, ziehen sie sich an!

Elektromagnetische Wellen

Stelle dir elektromagnetische Wellen als etwas vor, das überall um uns herum existiert, das wir aber nicht sehen können. Licht, Infrarot- und Röntgenstrahlen sind alles Arten von elektromagnetischen Wellen. Je mehr wir über sie wissen, desto besser können wir sie nutzen und spannende Dinge wie Radios oder Handys erfinden.

LICHT

INFRAROTSTRAHLEN

RÖNTGENSTRAHLEN

WELCHE ERFINDUNGEN NUTZEN MAGNETEN?

Alles, was du hier siehst, konnte nur dank unseres Wissens über Magneten erfunden werden ...

DRUCKER

Drucker haben kleine Stifte am Ende winziger Hämmerchen, die von Federn gehalten werden. Ein Dauermagnet hält den Hammer in Position. Elektrischer Strom erzeugt ein Magnetfeld, das den Hammer gegen das Papier drückt. Der Stift setzt einen kleinen Punkt.

RADIOS

Radiogeräte empfangen den Ton eines Radiosenders dank elektromagnetischer Wellen. Im Jahr 1895 zeigte der indische Wissenschaftler Jagadish Chandra Bose, dass diese Wellen weite Strecken überwinden und Nachrichten übermitteln können.

LAUTSPRECHER

Lautsprecher empfangen einen variablen elektrischen Strom, der ein Magnetfeld erzeugt. Dieses Feld versetzt dann einen Zylinder und eine Platte, die Spule und Membran genannt werden, in Schwingung – und Schwingungen erzeugen Töne.

TELEFONE

Die ursprünglichen Telefone nutzten einen schnell wechselnden elektrischen Strom, um ein sich schnell veränderndes Magnetfeld zu erzeugen, das eine Eisenscheibe in Schwingungen versetzte, die dann in Töne umgewandelt wurden.

MAGNET

MAGLEV-ZÜGE

Wenn man die Nordpole zweier Magneten aneinanderhält, stoßen sie sich ab. Dieses Prinzip wird bei Maglev-Zügen verwendet. Leistungsstarke Elektromagnete erzeugen eine Schubkraft zwischen dem Zug und den Schienen, die für eine schnelle Vorwärtsbewegung sorgt.

DRAHTLOSE LADEGERÄTE

Wir können Strom durch die Luft übertragen, indem wir ein Magnetfeld zwischen zwei Stromkreisen erzeugen. Diese Technologie wird heute genutzt, um Handys, Laptops und unsere elektrischen Zahnbürsten zu laden.

FESTPLATTEN

Festplatten sind mit einem magnetischen Material beschichtet. Man verwendet Elektromagneten, um winzige Zonen der Beschichtung in unterschiedliche Richtungen zu lenken und Daten zu speichern. Ein anderer Elektromagnet „liest“ dies als Binär-Code (Nullen und Einsen).

THERMOSTATE

Ein Thermostat regelt die Temperatur. Elektronische Thermostate haben einen Schalter (Magnetrelais). Steht er auf „Aus“, unterbricht das Relais den Stromkreis. Steht er auf „An", wird der Magnet aktiviert und der Stromkreis wieder geschlossen.

DER LARGE HADRON COLLIDER

Der Large Hadron Collider* (LHC) des CERN** ist der größte Teilchenbeschleuniger der Welt – er bewegt Teilchen superschnell und lässt sie zusammenstoßen, um zu sehen, was dann passiert.

*der Große Hadronen-Speicherring ** Europäische Organisation für Kernforschung

Wissenschaftler*innen nutzen den LHC, um die Materie und die Ursprünge des Universums zu erforschen, indem sie die winzigen Teilchen untersuchen, aus denen Atome bestehen. Sie machen das, indem sie explosive Kollisionsexperimente zwischen den Strahlen dieser Teilchen durchführen.

MAGNET

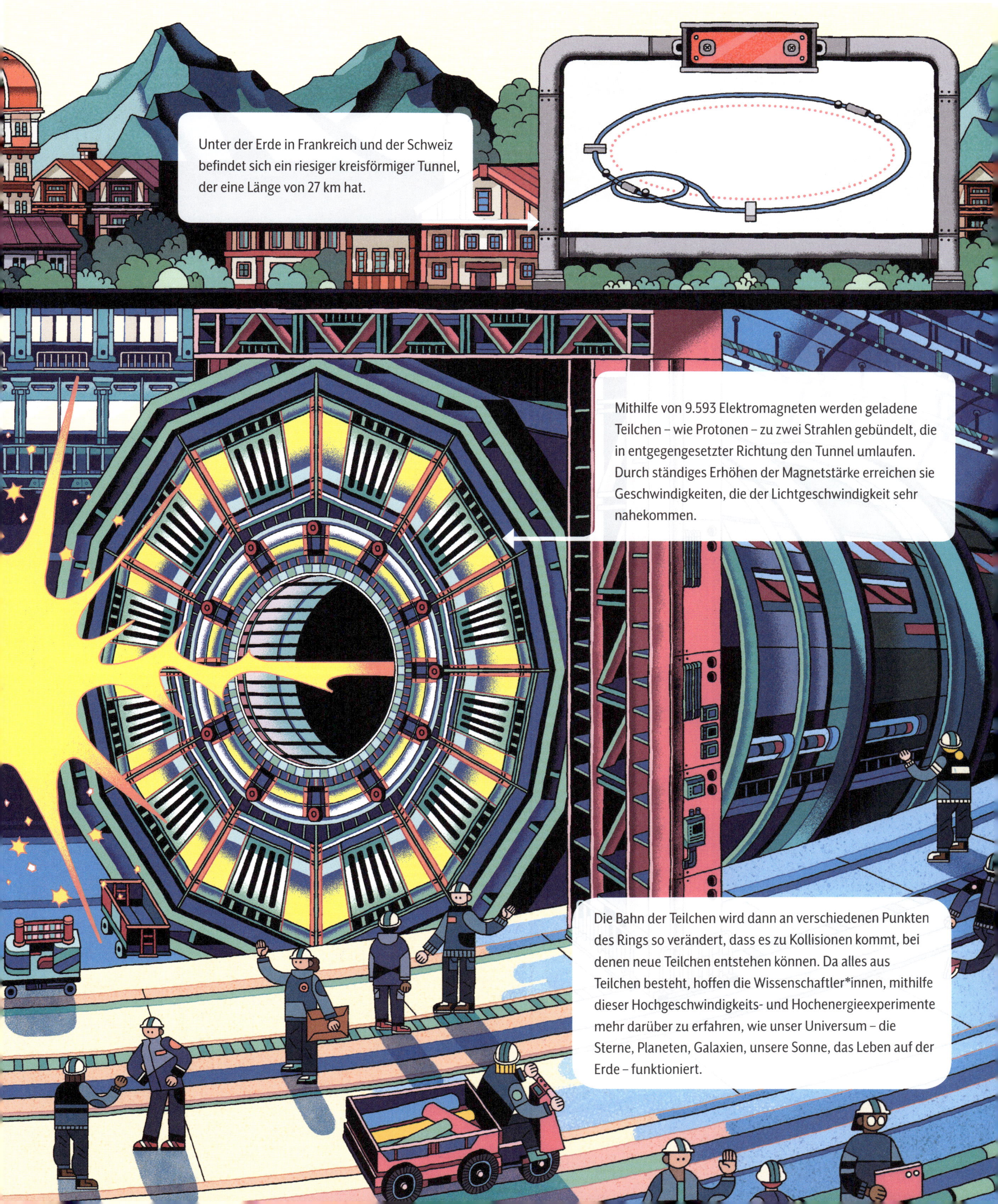

Unter der Erde in Frankreich und der Schweiz befindet sich ein riesiger kreisförmiger Tunnel, der eine Länge von 27 km hat.

Mithilfe von 9.593 Elektromagneten werden geladene Teilchen – wie Protonen – zu zwei Strahlen gebündelt, die in entgegengesetzter Richtung den Tunnel umlaufen. Durch ständiges Erhöhen der Magnetstärke erreichen sie Geschwindigkeiten, die der Lichtgeschwindigkeit sehr nahekommen.

Die Bahn der Teilchen wird dann an verschiedenen Punkten des Rings so verändert, dass es zu Kollisionen kommt, bei denen neue Teilchen entstehen können. Da alles aus Teilchen besteht, hoffen die Wissenschaftler*innen, mithilfe dieser Hochgeschwindigkeits- und Hochenergieexperimente mehr darüber zu erfahren, wie unser Universum – die Sterne, Planeten, Galaxien, unsere Sonne, das Leben auf der Erde – funktioniert.

DIE LINSE

Linsen sind perfekt geformte, gebogene Glasstücke (oder andere lichtdurchlässige Materialien). Sie verleihen uns Superkräfte, denn sie ermöglichen es uns, Dinge zu sehen, die so winzig oder so weit entfernt sind, dass unsere Augen sie nicht wahrnehmen können. Bevor wir Linsen verwenden konnten, um viele wunderbare Dinge zu sehen, mussten wir erst herausfinden, was Licht ist und wie unsere Augen funktionieren.

Um 965 wurde ein Mann namens Alhazen in Basra, im heutigen Südirak, geboren. Er konnte erklären, wie unsere Augen funktionieren, denn er hatte erkannt, dass Licht von Quellen wie der Sonne, Feuer und Fackeln kommt, und dass dieses Licht von Objekten abprallt und so in unsere Augen gelangt. Unsere Augen senden dann Signale an das Gehirn, welches die Bilder erzeugt.

Ebenfalls im 17. Jahrhundert wurden auch Teleskope mit Linsen erfunden, mit denen man sehr weit entfernte Objekte im Weltraum betrachten konnte. So konnten wir die Krater auf dem Mond, die Ringe um den Saturn und die Milchstraße genauer sehen.

Im 17. Jahrhundert wurden Mikroskope erfunden, die eine oder mehrere Linsen verwendeten. Der niederländische Erfinder Antoni van Leeuwenhoek baute Mikroskope mit einer einzigen, winzigen Linse mit einem Durchmesser von unter 1 mm, um Blut, Teichwasser und verschiedene Teile des Körpers zu betrachten. Mit diesen Linsen konnte man erstmals rote Blutkörperchen, Algen und Bakterien betrachten.

Etwa 200 Jahre später erfand Louis Jacques Mandé Daguerre die Daguerreotypie-Kamera, die eine Linse vor einen „Film“ – eine mit Silber beschichtete Kupferplatte, die Joddampf ausgesetzt wurde – setzte. Um eine Person zu fotografieren, musste diese bis zu einer halben Stunde stillstehen, da es so lange dauerte, bis sich ihr Bild auf dem Film abzeichnete. Diese Kameras waren groß und enthielten gefährliche Chemikalien. Mit der Zeit wurden die Filme und Linsen immer ausgefeilter und die Kameras kleiner, bis wir in einem Bruchteil von Sekunden Fotos machen konnten.

Frederick Douglass war ein amerikanischer ehemaliger Sklave und Aktivist gegen die Sklaverei, der im **19. Jahrhundert** lebte. Er nutzte die Fotografie, um die Menschlichkeit und Vielfalt der Schwarzen in den USA abzubilden.

Im Jahr 1990 schickten die NASA und die ESA das Hubble-Weltraumteleskop ins All. Es konnte uns einige der beeindruckendsten Bilder von Sternen und Planeten liefern, die je aufgenommen wurden.

WIE LINSEN FUNKTIONIEREN

Wenn ein schmales Lichtbündel auf einen rechteckigen Glaskasten trifft, wird es langsamer und biegt sich, wenn es in den Kasten eindringt. Wenn es den Kasten verlässt, wird es schneller und nimmt wieder seinen ursprünglichen Winkel an. Linsen zwingen jedoch Lichtbündel mit ihrer gekrümmten Oberfläche dazu, etwas Interessanteres zu machen ...

Die Krümmung einer Linse

Wenn ein Licht auf eine Linse trifft, trifft jeder einzelne Strahl auf eine andere Stelle der Krümmung der Linse und wird dabei ein bisschen anders gebogen oder gebrochen. Konvexe Linsen mit nach außen gewölbten Flächen bündeln das Licht auf einen bestimmten Punkt – diese Linsen helfen in Lesebrillen, Wörter klar sehen zu können. Konkave Linsen mit nach innen gewölbten Flächen streuen die Lichtstrahlen nach außen – diese Linsen werden in Brillen verwendet, wenn man weit entfernte Dinge nicht mehr klar sehen kann. Die Flächen einer Linse verändern also das, was wir normalerweise sehen.

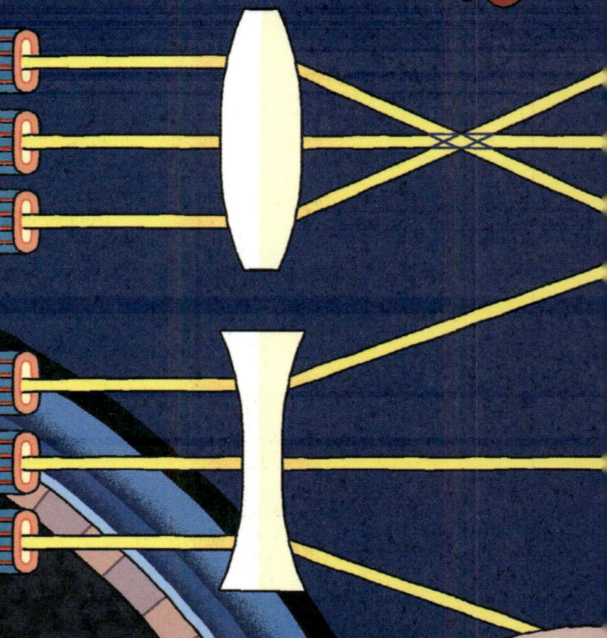

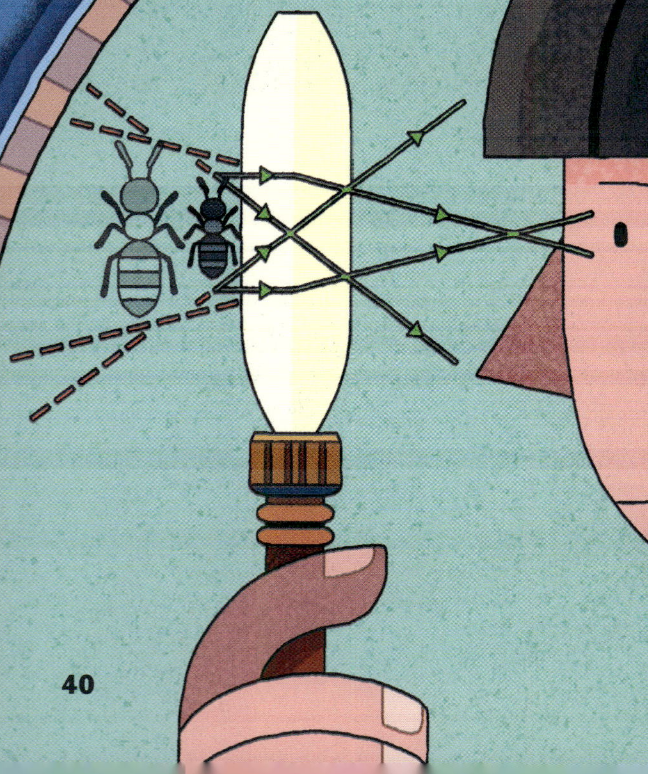

Lichttricks

Optische Täuschungen entstehen aufgrund der Funktionsweise unserer Augen (und unseres Gehirns). Wenn du eine Ameise durch eine Lupe betrachtest, treffen das Licht vom Boden und der Ameise auf die Lupe. Die Strahlen werden durch die Linse gebrochen und erreichen unsere Augen. Dann verfolgen die Augen (und das Gehirn) das Licht zurück, als wäre es nie gebrochen worden, und erzeugen so eine optische Täuschung, die die Ameise größer erscheinen lässt.

Die schärfste Linse

Licht biegt sich entsprechend seiner Wellenlänge: rotes Licht biegt sich leicht anders als blaues. Ebenso biegt es sich in der Nähe des Zentrums der Linse minimal anders als weiter außen. Diese winzigen Unterschiede sorgen für ein Phänomen, das Aberration (Abbildungsfehler) genannt wird. Um das zu korrigieren, werden zwei Linsen aus verschiedenen Glasarten kombiniert, die die Aberration ausgleichen und ein noch schärferes Bild erzeugen.

Sogar durchsichtiges Glas reflektiert einen Teil des Lichts, was zu störenden Spiegelungen führen kann. In den 1930er Jahren erfand die Wissenschaftlerin Katharine Burr Blodgett eine erste Antireflexionsschicht, als sie eine Beschichtung für Glas entwickelte. Diese nur wenige Moleküle dicke Beschichtung erhöht die Lichtmenge, die durch die Linse gelangt, und verhindert, dass sie reflektiert. Diese Wissenschaft wird heute genutzt, um Brillenträger*innen dabei zu helfen, besser zu sehen.

WELCHE ERFINDUNGEN NUTZEN LINSEN?

Die großartige Erfindung von Linsen hat viele andere Erfindungen möglich gemacht ...

AUTOSCHEINWERFER

Linsen vor einer Lampe streuen das Licht so nach außen, dass entgegenkommende Fahrer*innen den Lichtkegel sehen können, ohne geblendet zu werden.

KONTAKTLINSEN

Kontaktlinsen sind flexible Linsen, die aus einem Kunststoff namens Hydrogel hergestellt werden und die wir in unsere Augen einsetzen können. Wenn man sie mit einer Flüssigkeit befeuchtet, absorbieren sie sie und werden weicher. Wenn sie austrocknen, werden sie hart.

SMARTPHONES

Die Kameras in unseren Smartphones haben winzige Linsen, die das Licht sammeln und es auf einem kleinen Sensor bündeln. Dieser nimmt das Bild auf und zeigt es uns auf unserem Bildschirm.

FERNGLÄSER

Ferngläser helfen uns, weit entfernte Dinge zu sehen. Das Licht wird durch ein Linsenpaar gebrochen, das diese Bilder jedoch auf den Kopf stellt. Pyramidenförmige Glasstücke (Prismen) drehen das Bild dann wieder richtig herum.

LINSE

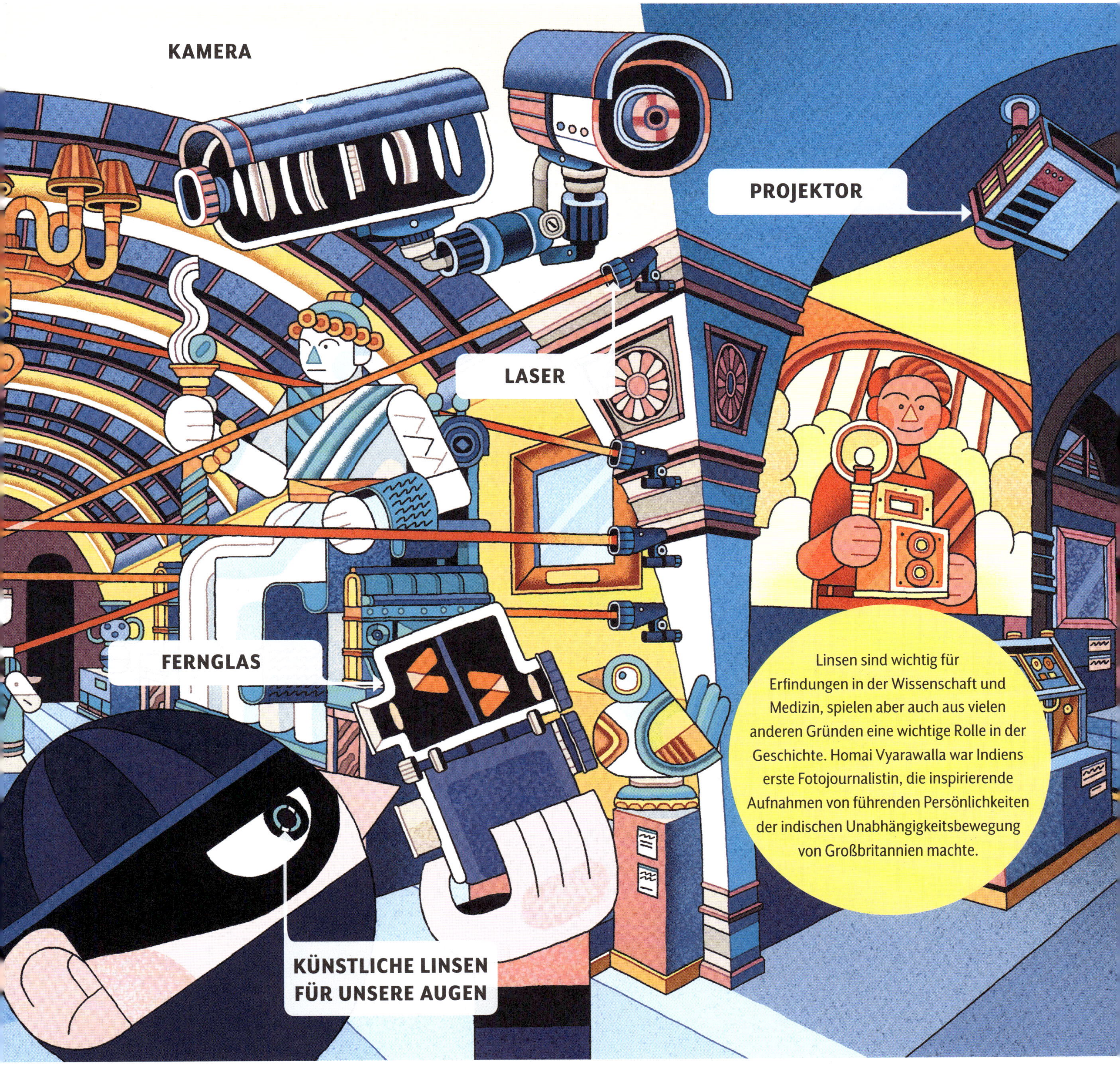

KAMERAS

Kameras haben oft verschiedene Objektive, die man an der Vorderseite anbringen kann, um Weitwinkel- oder Nahaufnahmen zu machen, oder um zu zoomen. In jedem dieser Objektive befinden sich bis zu 12 einzelne Linsen, die du einstellen kannst, um das perfekte Foto zu schießen!

KÜNSTLICHE LINSEN FÜR UNSERE AUGEN

Mit zunehmendem Alter können die natürlichen Linsen in unseren Augen manchmal trübe werden. Winzige künstliche Linsen (Intraokularlinsen) können eine getrübte Linse ersetzen und uns helfen, wieder besser zu sehen.

LASER

Laserstrahlen sind stark gebündelt und haben nur eine Lichtfarbe. Linsen fokussieren das Lichtbündel auf einen ganz bestimmten Punkt, sodass er Materialien wie Diamanten schneiden kann. Auch in der Chirurgie werden Laser eingesetzt.

PROJEKTOREN

Diese Geräte, die in Schulen, Büros und sogar Kinos verwendet werden, nutzen Linsen, um ein großes Bild eines Dias oder Films auf eine Leinwand zu projizieren.

MIKROSKOPE

Die heutigen Mikroskope sind unglaublich leistungsfähig. Mit ihnen können wir nicht nur auf Zellen, die Bausteine aller Lebewesen, schauen, sondern auch in sie hinein. Das bedeutet, dass wir Viren und Bakterien untersuchen und lebensrettende Medikamente und Impfstoffe entwickeln können.

Aufrechte Mikroskope

Diese Mikroskope sind ideal, um Blut, Teichwasser und die darin lebenden winzigen Organismen zu untersuchen. Lege deine Probe auf den Objektträger – ein sehr dünnes Stück Glas – und betrachte es durch das Okular. Die Objekte können bis zu 2000-fach vergrößert werden.

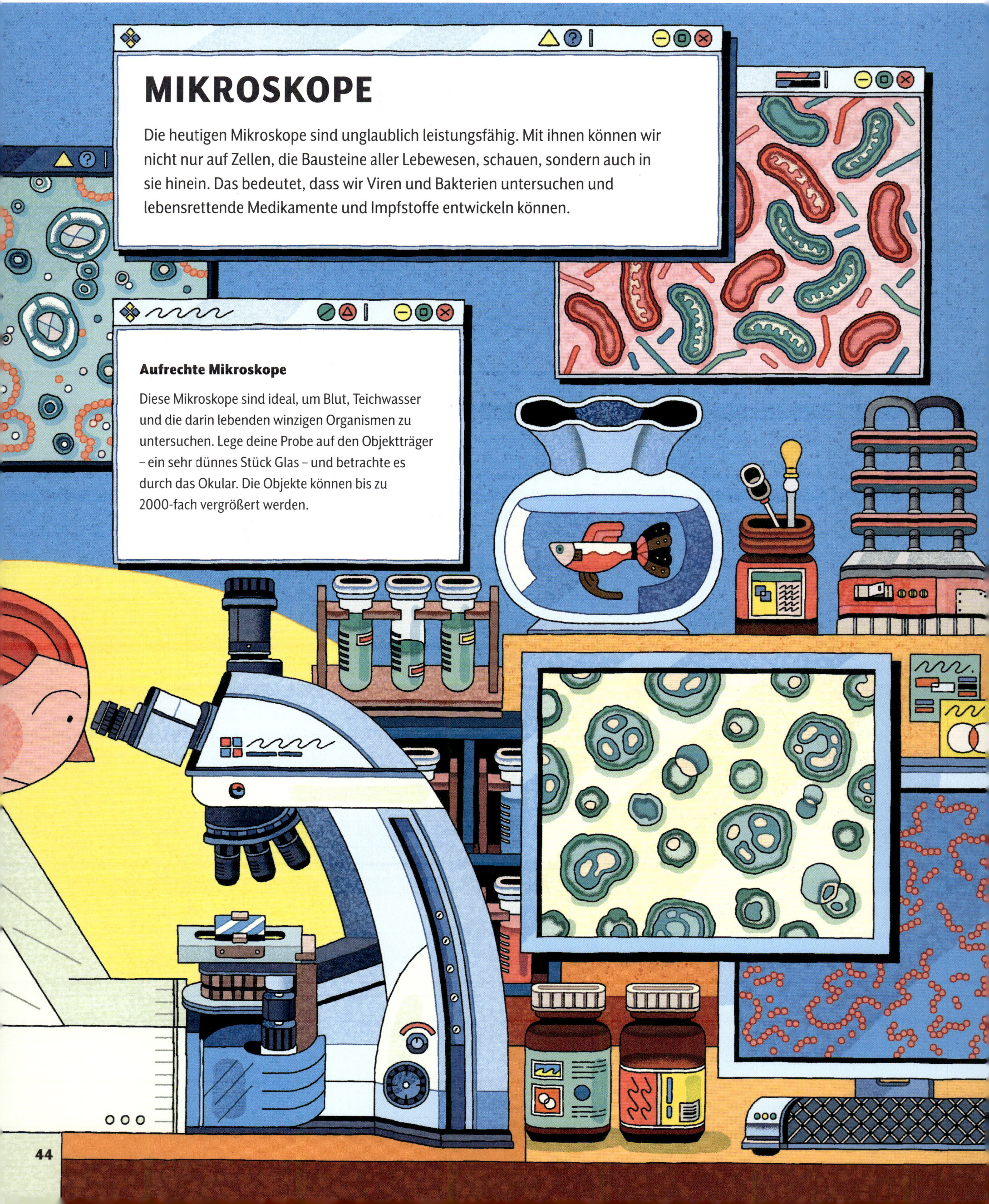

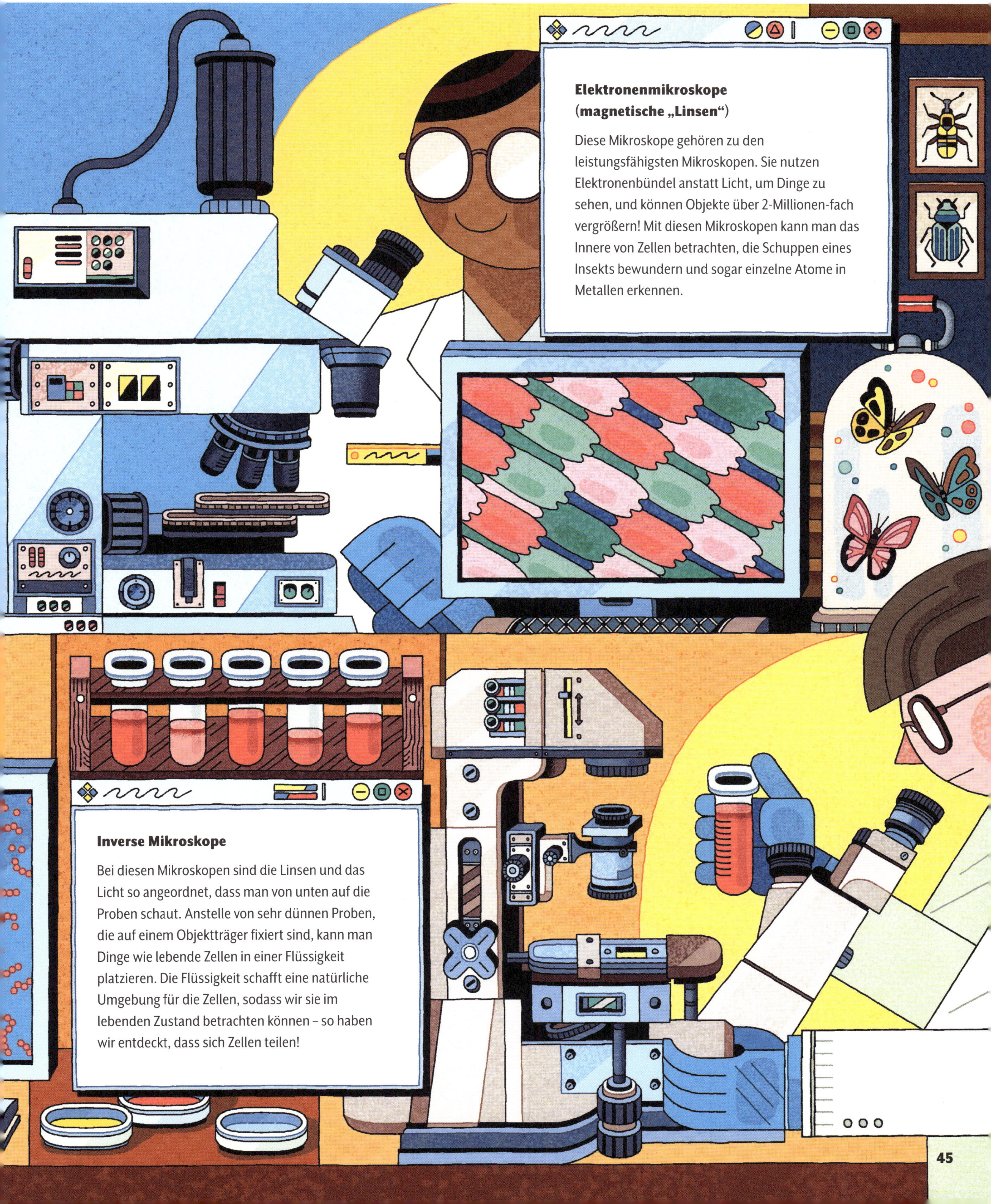

Elektronenmikroskope (magnetische „Linsen“)

Diese Mikroskope gehören zu den leistungsfähigsten Mikroskopen. Sie nutzen Elektronenbündel anstatt Licht, um Dinge zu sehen, und können Objekte über 2-Millionen-fach vergrößern! Mit diesen Mikroskopen kann man das Innere von Zellen betrachten, die Schuppen eines Insekts bewundern und sogar einzelne Atome in Metallen erkennen.

Inverse Mikroskope

Bei diesen Mikroskopen sind die Linsen und das Licht so angeordnet, dass man von unten auf die Proben schaut. Anstelle von sehr dünnen Proben, die auf einem Objektträger fixiert sind, kann man Dinge wie lebende Zellen in einer Flüssigkeit platzieren. Die Flüssigkeit schafft eine natürliche Umgebung für die Zellen, sodass wir sie im lebenden Zustand betrachten können – so haben wir entdeckt, dass sich Zellen teilen!

DIE SCHNUR

Bei der Frage nach den größten Erfindungen aller Zeiten denkt man vielleicht nicht als Erstes an Schnur, aber sie ist trotzdem eine unglaubliche Leistung der Ingenieurskunst, da sie gleichzeitig stark und flexibel ist.

Bevor wir starten, lasst uns erst einige Begriffe erklären:

FASER
Ein feines, fadenförmiges Material, das zu Stoff, einschließlich Papier, verarbeitet werden kann.

FADEN
Ein feiner Faserstrang, der beim Nähen verwendet wird.

SCHNUR
Ein zusammengedrehtes Faserbündel, das dicker als ein Faden ist und aus zwei oder mehr zusammengedrehten Fadensträngen besteht.

GARN
Fasern, Fäden oder Schnüre, die zur Herstellung von Stoffen verwendet werden.

SEIL
Eine Schnur, die durch das Zusammendrehen oder Flechten mehrerer Schnüre dicker und stärker ist.

KABEL
Ein sehr starkes, dickes Seil, das aus Drähten hergestellt wird.

In der Natur stellen Insekten wie Spinnen und Seidenraupen starke Fäden her. Das erste Mal jedoch, dass ein Faden aus Materialien um uns herum hergestellt wurde, war vor erstaunlichen **40-50.000 Jahren**. In einer Höhle namens Abri du Maras in Frankreich fanden Archäolog*innen ein Steinwerkzeug, an dem ein winziges Stück Schnur klebte, das nur 6,2 mm lang und 0,5 mm dick war. Es war von unseren fernen Verwandten, den Neandertalern, aus Baumrinde hergestellt worden.

Vor rund 100.000 Jahren, als die Menschen zum ersten Mal Tierhäute, Rinde und Gräser trugen, um ihre Körper zu bedecken, nähten sie sie mit Schnüren zusammen. Auch in den folgenden Zehntausenden von Jahren stellten sie Seile und Schnüre aus Naturfasern wie Rinde, Tierhaaren, Blättern und Gräsern her.

Um 6000 v. Chr. verwendeten die Menschen Leinenstoffe, die aus Schnüren gewebt wurden. Wir wissen das, weil Archäolog*innen in Çatalhöyük (in der heutigen Türkei) ein in Leinen gewickeltes Skelett gefunden hatten.

Dann, **zwischen 5000 bis 3000 v. Chr.**, entwickelte man in Indien und Ägypten Technologien, um schnell Leinen und Baumwolle zu spinnen und lange, starke Fäden herzustellen. Wir lernten auch, Wolle (eine andere Art von Faden) von Schafen zu gewinnen. Und wir verwendeten verschiedene Fäden, um Stoffe aus verschiedenen Naturfasern herzustellen, wie Seide, Wolle, Baumwolle und Hanf, mit denen wir **fast 2.000 Jahre** lang entlang der Seidenstraße Handel betrieben. Alle diese Fasern werden bis heute in unserer Kleidung verwendet!

Im späten 16. Jahrhundert wurden der Handkulierstuhl und mechanische Strickmaschinen erfunden. Und in den **nächsten 200 Jahren** explodierte die Stoffproduktion in Europa und Nordamerika dank weiterer Erfindungen wie dem Schnellschützen (zum Weben von Stoffen) und der Spinnmaschine (zum Spinnen von Fäden).

In den 1930er Jahren wurde in einem Labor die erste Kunstfaser (Faden) namens Nylon aus Chemikalien hergestellt. Sie wurde für Strümpfe, Fallschirme und Seile verwendet. Heute gibt es eine riesige Auswahl an Kunstfasern wie Polyester, Acryl, Modal und Spandex.

WIE SCHNÜRE FUNKTIONIEREN

Schnüre bestehen aus Fasern oder feinen Fäden. Eine einzelne Faser ist nicht sehr stark und daher nicht sonderlich nützlich. Um sie stärker zu machen, müssen mehrere Fasern miteinander verbunden werden. Die Reibungskräfte, die dabei entstehen, verleihen der Schnur ihre Stärke.

Schnüre zusammendrehen

Die Neandertalerschnur, die in der französischen Höhle gefunden wurde, wurde aus zusammengedrehten Fäden hergestellt, die aus Rinde gewonnen wurden. Die Drehrichtung wird S-Drehung genannt, weil sich die Fasern, wie man am mittleren Teil des Buchstaben S sehen kann, über die gesamte Länge des Garns von links oben nach rechts unten drehen. Anschließend wurden drei Garne in die entgegengesetzte Richtung gedreht, um eine Kordel zu bilden – das nennt sich Z-Drehung.

Faserlagen

Wenn du deine Fasern in eine Richtung zu einem Garn zusammendrehen und dann mehrere Garnstücke in dieselbe Richtung zusammendrehen würdest, würden sie beim kleinsten Zug auseinanderfallen. Deswegen müssen die Lagen in die entgegengesetzte Richtung zusammengedreht werden.

SCHNUR

Naturfasern

Unsere wichtigste Naturfaser, Wolle, besteht aus vielen komplizierten Keratinschichten (ein Protein, aus dem auch unsere Nägel und Haare bestehen). Wenn man sich Wolle unter einem sehr starken Mikroskop ansieht, kann man sehen, dass Teile davon in unterschiedliche Richtungen gedreht sind, wie bei der Herstellung von Garn.

Kunstfasern

Die Wissenschaft erfindet neue Fasern, die künstlich aus Chemikalien hergestellt werden und noch stärker sind. Eine Chemikerin namens Stephanie Kwolek experimentierte mit langen Molekülketten – mit Polymeren – um eine starke Faser für die Reifen von Rennwagen herzustellen. Dabei erfand sie Kevlar, eine Faser, die heute auch in Sportbekleidung, Tennisschlägersaiten, Autobremsen, Brückenkabeln und in Feuerwehrausrüstungen verwendet wird.

Musiksaiten

Saiten eignen sich hervorragend für Musik, da jeder Klang durch Schwingung entsteht. Wenn man eine Saite an beiden Enden befestigt und daran zupft, schwingt diese und erzeugt einen Ton. Je nachdem, wie schwer und dick die Saite ist, und wie weit der Abstand zwischen den Enden, kann man unterschiedliche Töne erzeugen. Dafür braucht man ein starkes, flexibles Material.

WELCHE ERFINDUNGEN NUTZEN SCHNÜRE?

Dank der Erfindung der Schnur wurden all diese Erfindungen möglich …

TANPURAS

Die vier Metallsaiten der Tanpura werden nacheinander gezupft, um einen dröhnenden Klang zu erzeugen, der den Hintergrund für andere Instrumente bildet. An der Basis der vier Metallsaiten befinden sich zum Stimmen der Saiten kurze Baumwollfäden (Jiva).

GITARREN

Gitarren haben sechs Saiten: drei haben in der Regel einen glatten Draht, während die anderen drei umwickelt sind, um dickere Saiten für tiefere Töne zu erzeugen. Gitarrensaiten werden meist aus Metall oder Nylon, einer Kunstfaser, hergestellt.

GEIGEN

Geigensaiten werden heute oft aus künstlichen Materialien hergestellt, früher (und manchmal auch heute noch) wurde dafür Schafsdarm verwendet. Dabei wird der Darm gereinigt, in Streifen geschnitten, zu Schnüren gedreht und unter Spannung getrocknet.

SITARS

Sitars haben 18–21 Saiten. Davon sind 5–7 die Hauptsaiten, die die Melodie erzeugen, während die anderen Resonanzsaiten genannt werden. Werden die Hauptsaiten gespielt, bringen sie die anderen zum Vibrieren und erzeugen einen nachklingenden Ton.

SCHNUR

FARBIGE STOFFE

Vor ein paar Hundert Jahren wurde die Farbe Rosa eher für Jungskleidung verwendet! Sie galt als Farbschattierung der Militärfarbe Rot. Mädchen trugen eher Blau, die Farbe der Jungfrau Maria.

KLEIDUNG

Unsere früheste Kleidung wurde aus Tierhäuten hergestellt, doch dann gingen wir dazu über, Stoffe aus Fäden zu weben – was wir bis heute machen.

Q'ESWACHAKA-HÄNGEBRÜCKE

Diese handgeflochtene Seilbrücke der Inka beweist, dass gedrehte Seile ein hervorragendes Baumaterial ergeben, wenn sie unter Spannung gesetzt werden. Da Seile aus vielen Fasern bestehen, geben sie auch dann nicht nach, wenn sich einzelne Fasern dehnen oder reißen.

MASKEN

Medizinische Masken, wie sie während der Corona-Pandemie verwendet wurden, bestehen aus einer zufälligen Anordnung von Fasern (wie Spaghetti auf einem Teller). Durch diese Anordnung kann das Material kleine Partikel wie Viren viel besser aufnehmen.

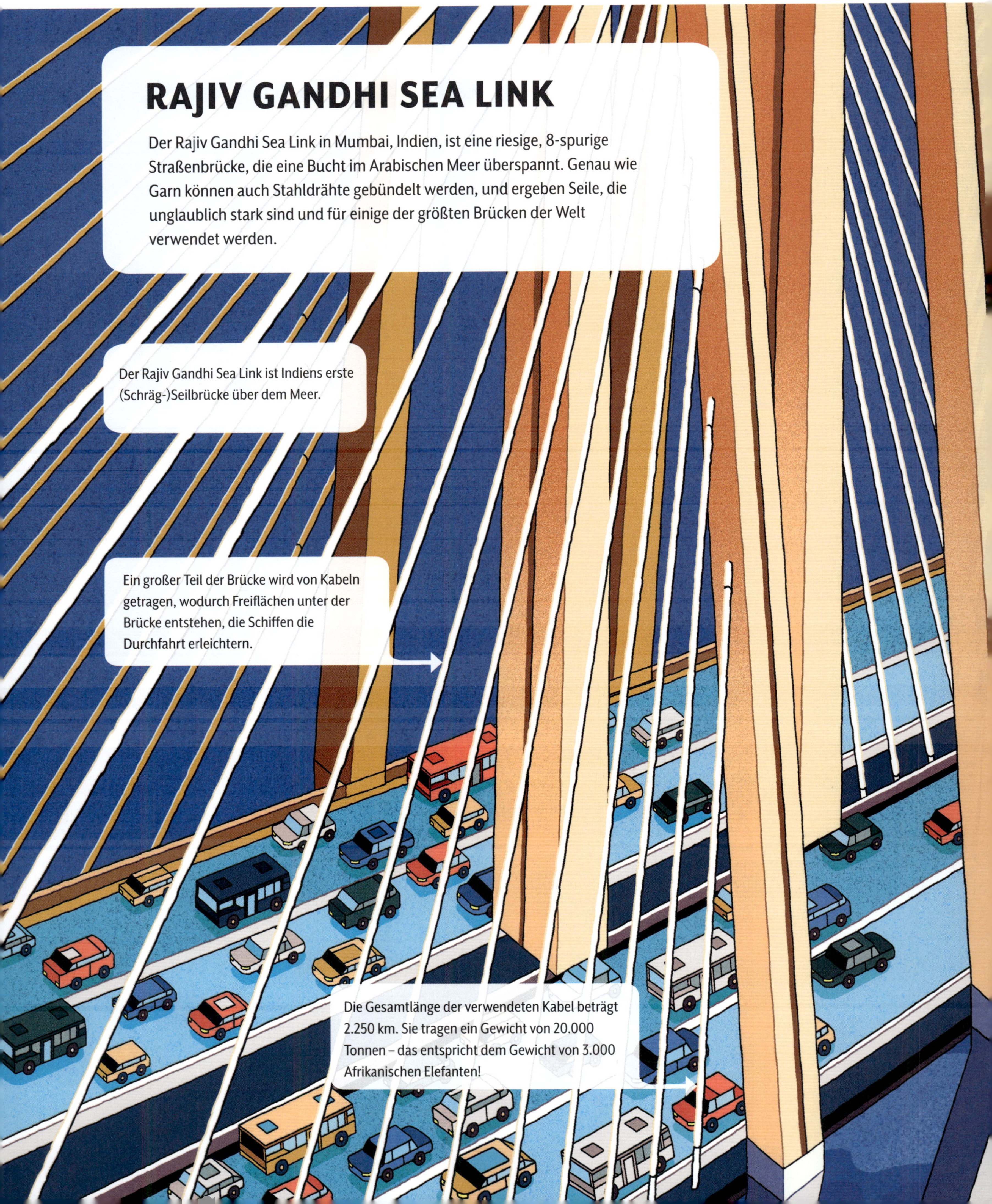

RAJIV GANDHI SEA LINK

Der Rajiv Gandhi Sea Link in Mumbai, Indien, ist eine riesige, 8-spurige Straßenbrücke, die eine Bucht im Arabischen Meer überspannt. Genau wie Garn können auch Stahldrähte gebündelt werden, und ergeben Seile, die unglaublich stark sind und für einige der größten Brücken der Welt verwendet werden.

Der Rajiv Gandhi Sea Link ist Indiens erste (Schräg-)Seilbrücke über dem Meer.

Ein großer Teil der Brücke wird von Kabeln getragen, wodurch Freiflächen unter der Brücke entstehen, die Schiffen die Durchfahrt erleichtern.

Die Gesamtlänge der verwendeten Kabel beträgt 2.250 km. Sie tragen ein Gewicht von 20.000 Tonnen – das entspricht dem Gewicht von 3.000 Afrikanischen Elefanten!

SCHNUR

Die Kabel bestehen aus Stahldrähten, die einen Durchmesser von 7 mm haben. 60 bis 120 dieser Drähte wurden in einer Fabrik parallel eingeschlagen, um jedes Kabel herzustellen.
Die Kabel gehen von hohen Pylonen (Säulen) ab, die im Meeresboden verankert sind.
Ein Kabel mit 60 Drähten kann das Gewicht eines Blauwals tragen!

DIE PUMPE

Pumpen sind Maschinen, die Flüssigkeiten und Gase auf unnatürliche Weise in Bewegung setzen, zum Beispiel, um Wasser einen Berg hinauf oder Luft in einen Luftballon hinein zu befördern. Ingenieur*innen auf der ganzen Welt haben seit Tausenden von Jahren verschiedene Arten von Pumpen entwickelt, um unsere Bedürfnisse zu erfüllen.

Vor etwa 5.000 Jahren mussten die Menschen im alten Mesopotamien (dem heutigen Irak) Wasser für den Anbau von Feldfrüchten transportieren. Sie nutzen dafür einen Schaduff, der wie eine Wippe mit einem hohen Gestell aussah, auf dem eine lange Stange balancierte, mit einem Eimer am einen und einem Gegengewicht am anderen Ende. Er ermöglichte es ihnen, das Wasser aus dem Fluss zu heben und auf ihrem Land zu verteilen.

Um 300 v. Chr. nutzten die Menschen im alten Ägypten ein hohles Holzrohr mit einem schraubenförmigen Zylinder darin, um ein ähnliches Problem zu lösen. Das eine Ende wurde in einen Fluss oder See getaucht, während sich das andere weiter oben an Land befand. Wenn man die Schraube drehte, schlossen die Gewindegänge das Wasser im Inneren des Rohrs ein, und das Wasser wurde nach oben gezogen. Diese Methode wird in Ägypten bis heute von Bauern und Bäuerinnen entlang des Nils angewendet.

Im Jahr 1206 erfand der Erfinder und Ingenieur Al-Dschazari, der in Diyarbakır in der heutigen Türkei lebte, eine Pumpe, indem er zwei Kupferzylinder einander gegenüberstellte. Jeder Zylinder hatte einen Kolben (Tauchbolzen), die durch eine einzige Stange miteinander verbunden waren. Ein an einem Schwenkarm befestigtes Zahnrad schob die Stange hin und her, wodurch Wasser durch einen der Zylinder gedrückt und in den anderen geschoben wurde.

Ab dem 17. Jahrhundert befassten sich die Wissenschaftler*innen mit Pumpen, die außerhalb der Landwirtschaft Verwendung fanden. Von nun an wurden Pumpen auch eingesetzt, um Wasser in Häuser zu transportieren, Abwässer zu beseitigen, kühle oder warme Luft zu pumpen oder Öl und Chemikalien in Fabriken zu befördern.

Als im 18. Jahrhundert die Elektrizität erfunden wurde, konnten wir endlich andere und kompliziertere Pumpen erfinden. **Heute** verwenden wir Pumpen in einer Vielzahl von Maschinen: in Autos, Flugzeugen und Heiz- und Kühlsystemen. Indem wir Wasser aus Seen und Flüssen entnehmen und über Wasserhähne in unsere Häuser leiten, sind Pumpen bis heute ein wichtiger Bestandteil unseres Wasserversorgungssystems – und das noch 5.000 Jahre nach ihrer Erfindung!

WIE PUMPEN FUNKTIONIEREN

Pumpen spielen eine wichtige Rolle, wenn es darum geht, sauberes Wasser zu uns zu bringen, schmutziges Wasser abzuleiten und Lebensmittel in großen Mengen und an Orten mit wenig Regen anzubauen. Wir brauchen sie, weil Flüssigkeiten (und Gase) normalerweise den Naturgesetzen gehorchen. Wasser z. B. fließt aufgrund der Schwerkraft von oben nach unten. Mit Pumpen können wir die Richtung und Geschwindigkeit beeinflussen.

Flüssigkeiten bewegen

Flüssigkeiten bewegen sich auch von Bereichen mit hohem Druck zu Bereichen mit niedrigem Druck, da frei fließende Teilchen nicht gerne gedehnt oder gepresst werden. Deshalb strömt die Luft aus einem Luftballon heraus – die Luft im Inneren mag es nicht, wenn sie im Verhältnis zur Außenluft zusammengedrückt wird. Es gibt vier Hauptarten von Pumpen, die alle anders funktionieren.

Hubkolbenpumpe

Ein Kolben bewegt sich in einem Zylinder auf und ab. Hubkolben werden in Fahrrad-Luftpumpen verwendet.

PUMPE

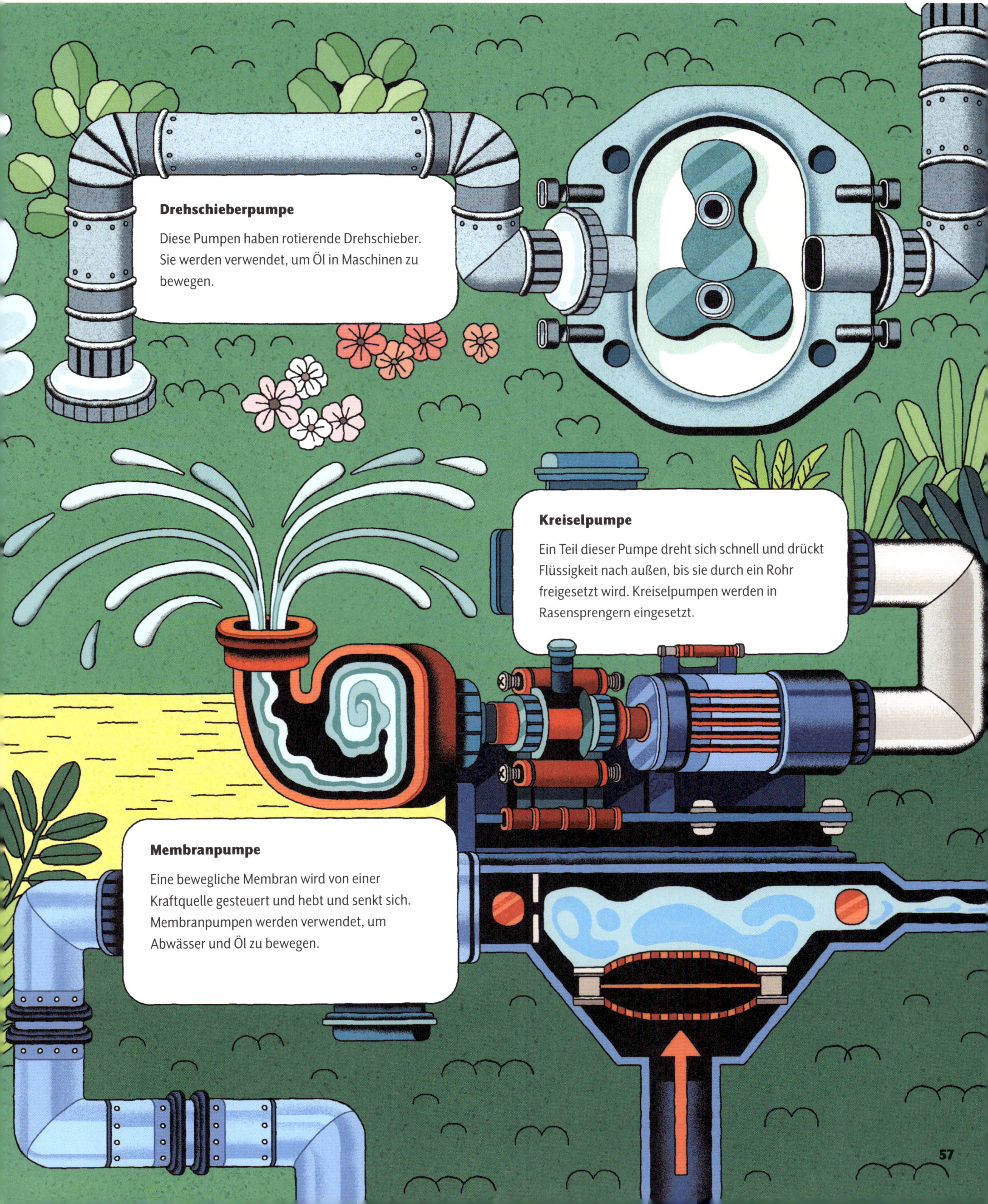

Drehschieberpumpe

Diese Pumpen haben rotierende Drehschieber. Sie werden verwendet, um Öl in Maschinen zu bewegen.

Kreiselpumpe

Ein Teil dieser Pumpe dreht sich schnell und drückt Flüssigkeit nach außen, bis sie durch ein Rohr freigesetzt wird. Kreiselpumpen werden in Rasensprengern eingesetzt.

Membranpumpe

Eine bewegliche Membran wird von einer Kraftquelle gesteuert und hebt und senkt sich. Membranpumpen werden verwendet, um Abwässer und Öl zu bewegen.

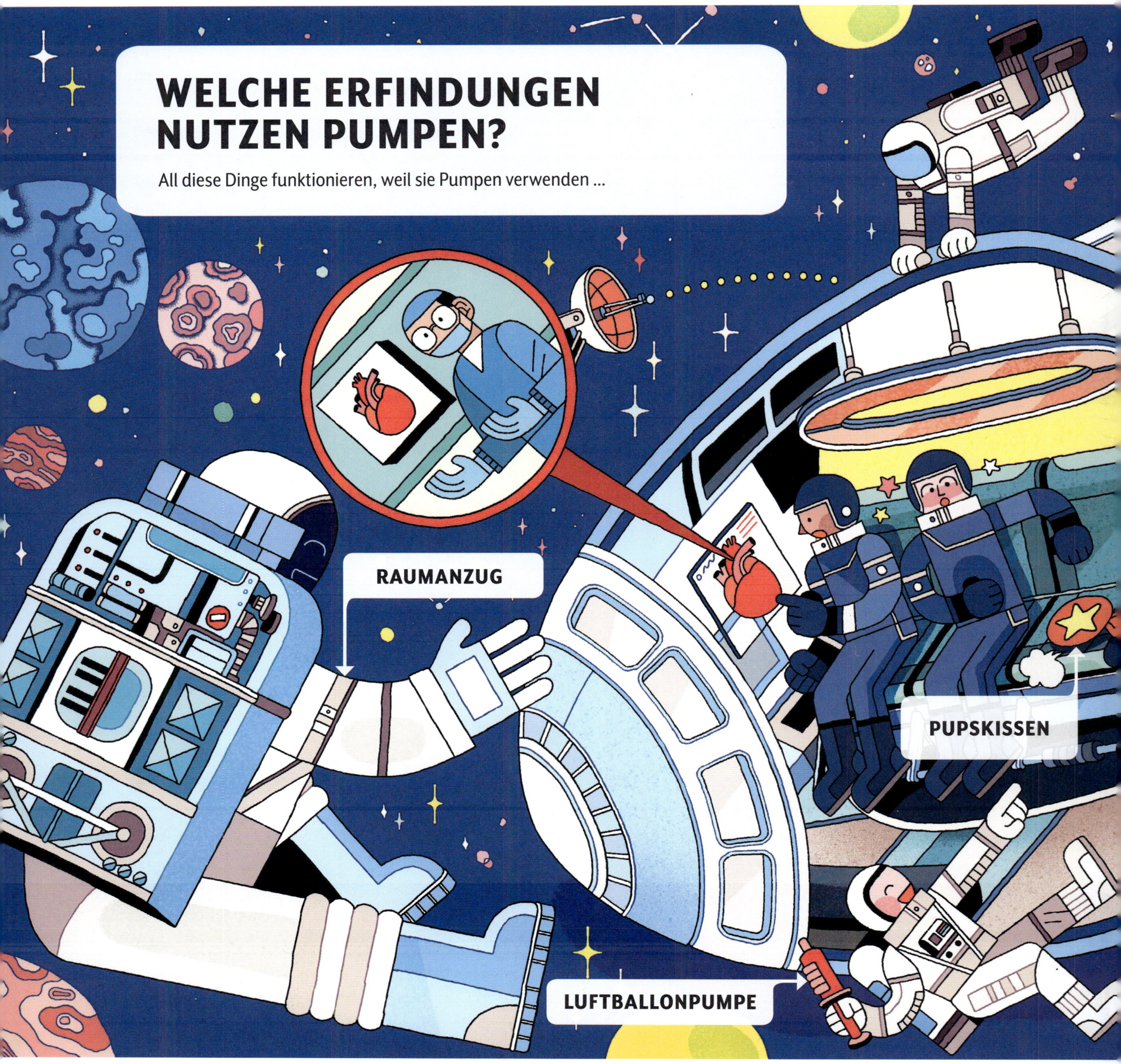

RAUMANZÜGE

Pumpen haben Menschen sogar ins Weltall gebracht! Eine pumpt Sauerstoff in die Innenschicht des Raumanzugs und Helms, damit die Astronaut*innen besser atmen können, während eine andere für die nötige Kühlung sorgt.

LUFTBALLONPUMPEN

Diese großartigen kleinen Hohlkolbenpumpen helfen uns, Luftballons mit Luft zu befüllen, ohne dass wir bis zur völligen Erschöpfung unsere Lungen bemühen müssen!

PUPSKISSEN

Um Pupsgeräusche zu erzeugen, drücken Pupskissen Luft durch eine Klappe nach draußen, die sich, während die Luft ausströmt, öffnet und schließt und so lustige Geräusche erzeugt. Pupskissen verbreiten schon seit Tausenden von Jahren Spaß!

PUMPE

TRIEBWERKE

Raumfahrzeuge haben Motoren, die Triebwerke genannt werden und ihnen beim Navigieren helfen. Diese können Abwässer oder Gase verwenden, die im Raumfahrzeug produziert und unter hohem Druck gespeichert werden. Ein Schalter sorgt dafür, dass diese Flüssigkeiten mit einer so hohen Geschwindigkeit ausgestoßen werden, dass sie das Triebwerk antreiben.

HERZEN

Technisch gesehen sind unsere Herzen natürlich keine Erfindung, aber trotzdem ziemlich genial! Sie schlagen etwa 100.000-mal am Tag. Herzen sind Pumpen aus Muskeln, die das Blut durch unsere Lungen pumpen, um Sauerstoff aufzunehmen. Dann transportieren sie das Blut weiter, um den Körper mit Sauerstoff zu versorgen.

HERZ-LUNGEN-MASCHINEN

John und Mary Gibbon entwickelten die Herz-Lungen-Maschine, ein künstliches Herz-Lungen-System, an das Menschen angeschlossen werden können. Anstelle des Herzens pumpt eine Rotorpumpe pulsierend Blut durch den Körper, sodass das Herz angehalten und operiert werden kann.

HERZUNTERSTÜTZUNGSSYSTEM

Dieses System ist auch als Kunstherz bekannt. Ingenieur*innen und Wissenschaftler*innen haben ein teilweise künstliches Herz entwickelt, das die Funktion unseres Herzen ersetzen kann. Viele Herzprobleme treten in einem der vier Hauptabschnitte auf.

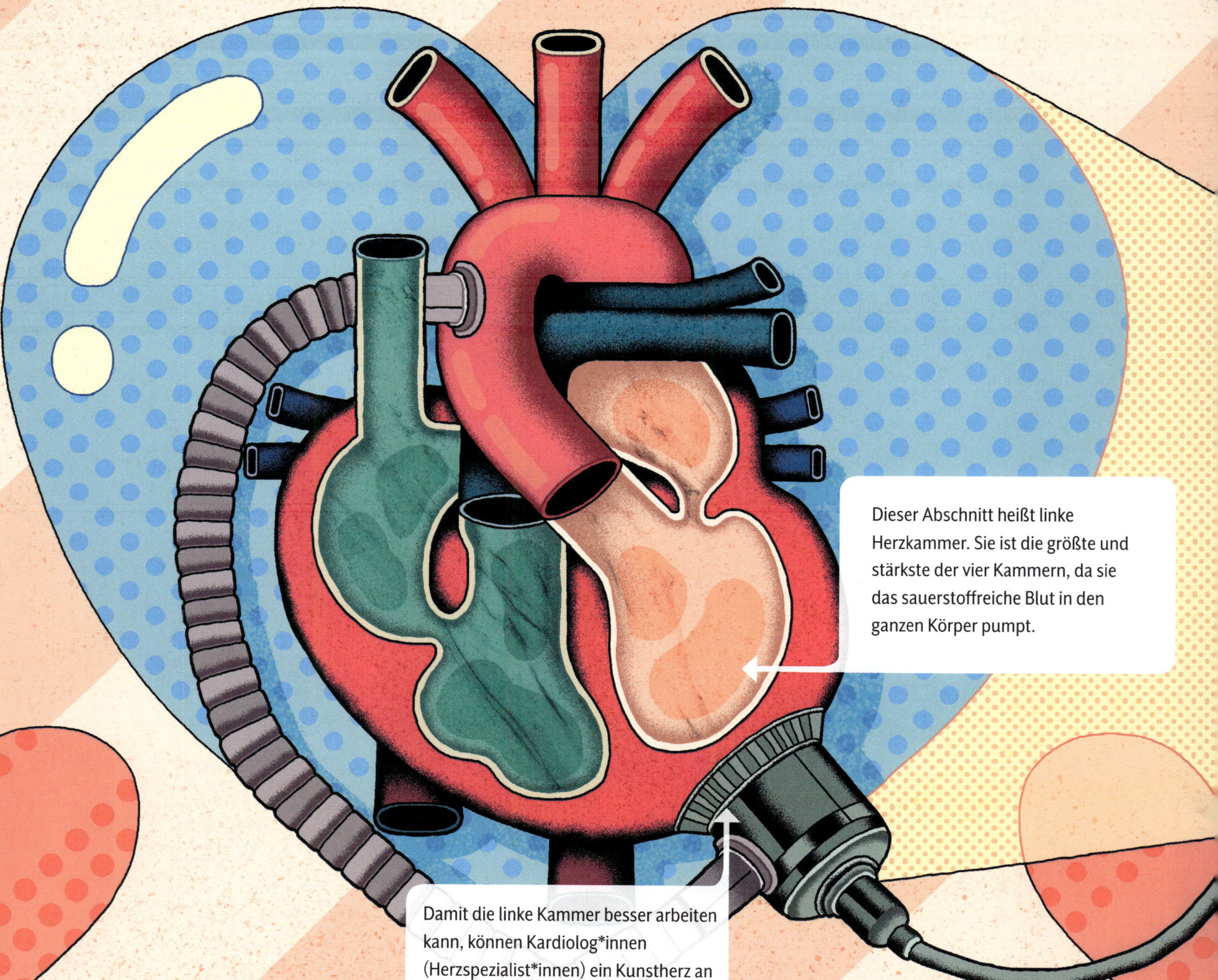

PUMPE

Ein Pumpentyp, der in diesen Geräten zum Einsatz kommt, ist die magnetisch schwebende (Maglev-) Pumpe. Meist haben Pumpen, die eine rotierende Welle verwenden, viele Teile, die sich bewegen. Diese würden jedoch das Blut beschädigen.

Die Maglev-Pumpe hat einen Ventilator oder Rotor, der schwebt! So kommt der Rotor nicht mit dem Motor in Berührung, der ihn antreibt. Der Rotor schwebt, weil ein Magnetfeld ihn vom Rest des Geräts wegdrückt. Die dadurch verhinderte Reibungswärme sorgt dafür, dass das Blut schonend transportiert wird.

Aktuell werden Herzunterstützungssysteme mit Batterien betrieben, die außerhalb des Körpers getragen werden. Die Batterien werden jedoch immer kleiner, weshalb man an Modellen arbeitet, die im Brustkorb sitzen und drahtlos aufgeladen werden können.

WAS WIRST DU ERFINDEN?

Die Technologien und Technik, die uns umgeben, können sehr kompliziert und einschüchternd wirken – wie soll man da verstehen, wie all diese Dinge funktionieren, ganz zu schweigen davon, sie selbst zu erfinden?! Tja, da kann ich dir nur eins raten ... **sei neugierig!**

Jetzt, da du die erstaunlichen Geschichten hinter diesen sieben Erfindungen entdeckt hast, empfehle ich dir, in die Welt hinauszugehen und neugierig auf die Dinge zu sein, die dich umgeben. Stelle Fragen: Wann wurden sie erfunden? Von wem? Woraus bestanden sie, und woraus bestehen sie heute? Wie hat sich das Design über die Jahre verändert? Welche erstaunlichen Menschen waren an der Erfindung und Entwicklung beteiligt?

Und die wichtigste Frage ... **Wie kann man es besser machen?**

Unsere Technik und Technologien haben einen großen Einfluss auf uns und unseren Planeten. Wenn wir viel an unseren Bildschirmen und Smartphones sitzen, verursacht das Stress, und wir gehen weniger nach draußen. Wir bauen wertvolle Minerale aus der Erde ab, stoßen bei der Herstellung von Dingen Kohlenstoff und Chemikalien aus, und nachdem wir etwas eine Weile genutzt haben, werfen wir es weg.

In der EU werden pro Jahr 4,7 Millionen Tonnen Elektroschrott verursacht. Die Bekleidungs- und Textilindustrie erzeugt weltweit jedes Jahr etwa 92 Millionen Tonnen Abfall.

Indem wir die Welt um uns herum besser verstehen, Fragen stellen und nach Antworten suchen, können wir auch bessere Entscheidungen darüber treffen, was wir kaufen und verwenden wollen. Das hilft uns, glücklicher zu leben – und es hilft unserem Planeten!

Also, bevor du etwas wegwirfst:

Innehalten. Nachdenken. Hinterfragen. Wiederverwenden. Und wenn du kannst (und es sicher ist*) ...

... repariere! Dinge in ihre Einzelteile zu zerlegen, um zu sehen, wie sie gemacht wurden, ist eine der besten Methoden, um von Menschenhand geschaffene Objekte zu verstehen. Bereits der Versuch, sie zu reparieren, kann zu erstaunlichen Entdeckungen und Erfindungen führen ...

Was wirst DU herausfinden?

*Bitte immer erst eine*n Erwachsene*n um Erlaubnis!